中国孩子爱问的

为什么

‖ 注音美绘版 ‖

·神奇的数学·

朱家礼 主编　　王 贵 编著

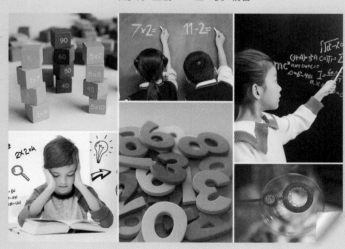

APTIME
时代出版
时代出版传媒股份有限公司
安徽科学技术出版社

图书在版编目(CIP)数据

神奇的数学 / 王贵编著. -- 合肥：安徽科学技术
出版社，2023.9(2024.11 重印)
（中国孩子爱问的为什么：注音美绘版）
ISBN 978-7-5337-6657-3

I.①神… II.①王… III.①数学－少儿读物
IV.①O1-49

中国版本图书馆 CIP 数据核字（2022）第 214613 号

中国孩子爱问的为什么：注音美绘版

ZHONGGUO HAIZI AIWEN DE WEISHENME　ZHUYIN MEIHUI BAN

神奇的数学
SHENQI DE SHUXUE

朱家礼 主编
王 贵 编著

出 版 人：王筱文	选题策划：高清艳　李梦婷	责任编辑：李梦婷　郑 楠
责任校对：岑红宇	责任印制：廖小青	插图绘画：彭纪晖

出版发行　安徽科学技术出版社　　　http://www.ahstp.net
（合肥市政务文化新区翡翠路 1118 号出版传媒广场，邮编：230071）
电话：(0551)63533330
印　　制　湖北金港彩印有限公司　　　电话：(027)85882795
（如发现印装质量问题，影响阅读，请与印刷厂商联系调换）

开本：787×1092　　1/24	印张：7	字数：155 千
版次：2023 年 9 月第 1 版	印次：2024 年 11 月第 3 次印刷	

ISBN 978-7-5337-6657-3　　　　　　　　　定价：22.00 元

本书部分图片由千目网、千图网、摄图网提供。
本书中参考使用的少量图文，编者未能和著作权人——取得联系，我们恳请著作权人
对此予以谅解，并与本书编者联系，办理签订相关合同、领取稿酬等事宜。

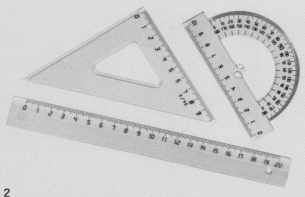

悠久的文明承载着数不尽的数学奥秘,浩瀚的历史镌刻着说不尽的数学趣事。数学在这里闪烁,文明也因数学而精彩。让我们一起来分享关于数学的那些趣闻,揭开数学的神秘面纱。

数学趣闻

SHUXUE QUWEN

shù de jiā zú yǒu duō dà

数的家族有多大？

　　shù shì yī gè dà jiā zú yóu xǔ duō chéng yuán zǔ chéng dà jiā zuì kāi shǐ rèn shi
　　数是一个大家族，由许多成员组成。大家最开始认识

de biǎo shì wù tǐ gè shù de zhè yàng de shù chēng wéi zhèngzhěng shù yī gè yě
的表示物体个数的1、2、3……这样的数称为正整数。一个也

méi yǒu jiù yòng biǎo shì hé zhèng
没有就用"0"表示，"0"和正

zhěng shù gòu chéng le zì rán shù suí zhe xué
整数构成了自然数。随着学

xí de shēn rù dà jiā huì fā xiàn mǒu xiē
习的深入，大家会发现某些

jì suàn wǎng wǎng bù néng zhèng hǎo dé dào zhěng shù
计算往往不能正好得到整数

de jié guǒ suǒ yǐ fēn shù hé xiǎo shù yìng
的结果，所以分数和小数应

2

运而生。把一个蛋糕平均分成若干份，其中的一份或者几份都可以用分数表示，如 $\frac{1}{3}$、$\frac{2}{5}$。小数的计数单位是十分之一、百分之一、千分之一……分别写作 0.1、0.01、0.001……小数还可以用分数表示。后来，我们发现还有比 0 小的数，比如冬天的气温是零下5℃，我们用 −5℃ 表示。在学过的数前面加一个"−"，称为负数，如 −3、−0.47。

随着学习能力的不断提升，我们认识数的家族的成员会越来越多，如复数、无理数等。

探索小知识

在我们的日常生活中，数的应用非常广泛，比如书本上的页码、天气预报中的气温、日历本上的日期，都少不了数。

神奇的数学

古人用在绳子上打结的方法来计数。

数一数地上有多少块石头吧!

shù xué shì rú hé qǐ yuán de
数学是如何起源的?

yuán shǐ shè huì shí qī　rén men yǐ cǎi jí yě guǒ　wéi liè yě shòu wéi shēng　zài zhè
原始社会时期,人们以采集野果、围猎野兽为生。在这

ge guò chéng zhōng　tā men shǒu xiān zhù yì dào de shì yī zhī yáng hé xǔ duō zhī yáng　yī tóu láng
个过程中,他们首先注意到的是一只羊和许多只羊、一头狼

yǔ xǔ duō tóu láng zài shù liàng shang de chā yì
与许多头狼在数量上的差异。

zhè yàng　shù de gài niàn biàn jiàn jiàn chǎn shēng le
这样,数的概念便渐渐产生了。

rén lèi zuì zǎo yòng lái jì shù de gōng
人类最早用来计数的工

jù shì shǒu zhǐ hé jiǎo zhǐ　dàn zhè zhǐ néng biǎo
具是手指和脚趾,但这只能表

shì　　yǐ nèi de shù zì　dāng shù mù hěn
示20以内的数字。当数目很

大时，他们就用小石子来计数，可小石子堆很难长久保存。渐渐地，人们又发明了打绳结、契刻计数的方法。中国的古书上有记载："事大，大结其绳；事小，小结其绳，结之多少，随物众寡。"这个记载表明，结绳计数是我们祖先普遍使用的一种计数方法，数的概念就这样逐渐发展起来。古希腊人发展了这些数学知识，并将数学发展为一门学科。

在人类历史发展和社会生活中，数学发挥着不可替代的作用，同时也是学习和研究现代科学技术必不可少的基本工具。

探索小知识

"数学"一词来源于古希腊语，有学习、学问、科学之意。古希腊学者还将数学视为哲学的起点、学问的基础，由此可见数学的重要性。

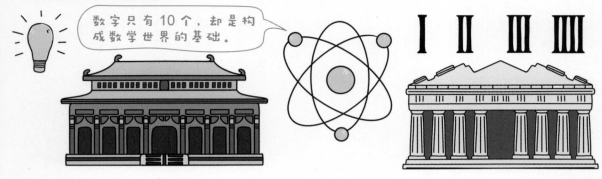

数字只有10个，却是构成数学世界的基础。

<ruby>数<rt>shù</rt></ruby> <ruby>与<rt>yǔ</rt></ruby> <ruby>数字<rt>shù zì</rt></ruby> <ruby>有什么不同<rt>yǒu shén me bù tóng</rt></ruby>

"数"与"数字"有什么不同？

<ruby>很多人以为数就是数字<rt>hěn duō rén yǐ wéi shù jiù shì shù zì</rt></ruby>，<ruby>其实数和数字是数学中最基<rt>qí shí shù hé shù zì shì shù xué zhōng zuì jī</rt></ruby><ruby>本的两个不同的概念<rt>běn de liǎng gè bù tóng de gài niàn</rt></ruby>。<ruby>它们既有联系<rt>tā men jì yǒu lián xì</rt></ruby>，<ruby>又有区别<rt>yòu yǒu qū bié</rt></ruby>。

<ruby>数是由于人类生活实际需要而逐步形成和发展起来<rt>shù shì yóu yú rén lèi shēng huó shí jì xū yào ér zhú bù xíng chéng hé fā zhǎn qǐ lái</rt></ruby><ruby>的，表示事物的量的基本概念，可以由一<rt>de biǎo shì shì wù de liàng de jī běn gài niàn kě yǐ yóu yī</rt></ruby><ruby>个或几个数字来表示。数的范围很广，可<rt>gè huò jǐ gè shù zì lái biǎo shì shù de fàn wéi hěn guǎng kě</rt></ruby><ruby>以分为自然数，如2022；分数，如 1/3 ；小数，<rt>yǐ fēn wéi zì rán shù rú fēn shù rú xiǎo shù</rt></ruby>

rú   fù shù rú   děng
如 0.15；负 数 ，如 − 3 等。

shù zì shì yī zhǒng yòng lái biǎo shì shù de shū xiě fú hào   yòu jiào zuò shù mǎ   cháng yòng
数 字 是 一 种 用 来 表 示 数 的 书 写 符 号 ，又 叫 作 数 码 ，常 用

de shù zì yǒu zhōng wén shù zì   luó mǎ shù zì   ā lā bó shù zì děng   shù de fàn wéi
的 数 字 有 中 文 数 字 、罗 马 数 字 、阿 拉 伯 数 字 等 。数 字 的 范 围

bǐ shù xiǎo de duō zhǐ yǒu   zhè   gè shù zì
比 数 小 得 多 ，只 有 0~9 这 10 个 数 字 。

yǒu shí hou   yī gè shù zì jiù biǎo shì yī gè shù   rú ā lā bó shù zì   yòu
有 时 候 ，一 个 数 字 就 表 示 一 个 数 ，如 阿 拉 伯 数 字 7，又

biǎo shì shù   zài zhè zhǒng qíng kuàng xià   shù hé shù zì shì yī yàng de   dàn shì yǒu shí
表 示 数 7。在 这 种 情 况 下 ，数 和 数 字 是 一 样 的 。但 是 ，有 时

xū yào yòng liǎng gè huò liǎng gè yǐ shàng de shù zì biǎo shì yī gè shù lì rú   tā yǔ
需 要 用 两 个 或 两 个 以 上 的 数 字 表 示 一 个 数 ，例 如 536，它 与

shù zì jiù bù tóng le
数 字 就 不 同 了 ，

biǎo shì shù zhè
536 表 示 数 ，这

ge shù shì yóu
个 数 是 由

sān gè shù zì
三 个 数 字

zǔ
"5、3、6" 组

chéng de
成 的 。

探索小知识

大写数字是中国特有的数字书写方式，如零、壹、贰、叁、肆、伍、陆、柒、捌、玖、拾，一般正式文书和财务票据上的数字都要采用大写数字。

wèi shén me ā lā bó shù zì néng tōng xíng shì jiè

为什么阿拉伯数字能通行世界？

ā lā bó shù zì shì gǔ yìn dù rén fā míng
阿拉伯数字是古印度人发明

de hòu lái zài yà zhōu jīng shāng de ā lā bó rén zhǎng
的，后来在亚洲经商的阿拉伯人掌

wò le zhè xiē shù zì bìng jiāng tā men dài dào le ōu
握了这些数字，并将它们带到了欧

zhōu ōu zhōu rén wù yǐ wéi tā men shì ā lā bó rén
洲。欧洲人误以为它们是阿拉伯人

fā míng de jiù wèi tā men qǔ le gè míng zi
发明的，就为它们取了个名字——

ā lā bó shù zì rú jīn jǐ hū suǒ yǒu guó jiā
阿拉伯数字。如今，几乎所有国家

dōu pǔ biàn shǐ yòng ā lā bó shù zì lái jì shù
都普遍使用阿拉伯数字来计数。

不过，这一共识并不是一开始就达成的。人类早期使用的计数制度，其实和全世界的文字一样五花八门。但这些计数制度在漫长的使用过程中逐渐被人们淘汰，反而是阿拉伯数字在全世界流传开来。

阿拉伯数字主要有以下几个优点：一是笔画简单，书写方便；二是只需有限的几个符号，就可以表示所有的自然数；三是采用十进位制，计算简便，小学生都能用阿拉伯数字进行简单的加减乘除运算。因此，阿拉伯数字成为世界通用的一种数字。

 探索小知识

同一个数在不同的计数制度中有不同的表示，比如数37，在阿拉伯数字中写作37，在中文数字中写作三十七，在罗马数字中写作XXXVII。

数学竞赛的历史有多长？

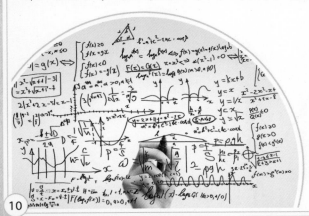

举办数学竞赛是发掘数学人才的有效手段之一，对于推进数学教学改革和提高教学质量有着很重要的意义。那你知道数学竞赛是从什么时候开始的吗？

从世界范围来看，最早举办数学竞赛的国家是匈牙利。1894 年，匈牙利数学物理协会

jué dìng zài zhōng xué shēng zhōng jǔ bàn shù xué jìng sài
决定在中学生中举办数学竞赛，

zhì jīn yǐ yú bǎi nián shù xué jìng sài bù jǐn shǐ
至今已逾百年。数学竞赛不仅使

xiōng yá lì yǒng xiàn chū hěn duō yōu xiù de shù xué jiā
匈牙利涌现出很多优秀的数学家，

hái shǐ xiōng yá lì chéng wéi yī gè shù xué wáng guó
还使匈牙利成为一个数学王国。

nián zài zhù míng shù xué jiā huà luó
1956年，在著名数学家华罗

gēng sū bù qīng děng rén de chàng dǎo xià zhōng guó shù
庚、苏步青等人的倡导下，中国数

xué huì zài běi jīng shàng hǎi děng dì shǒu cì jǔ bàn
学会在北京、上海等地首次举办

le gāo zhōng shù xué jìng sài nián yìng běi jīng
了高中数学竞赛。1985年，应北京

dà xué nán kāi dà xué fù dàn dà xué hé zhōng guó kē xué jì shù dà xué sì suǒ dà xué chàng
大学、南开大学、复旦大学和中国科学技术大学四所大学倡

yì zhōng guó shù xué huì jué dìng zì nián qǐ měi nián jǔ xíng quán guó zhōng xué shēng shù
议，中国数学会决定自1986年起，每年举行全国中学生数

xué dōng lìng yíng hòu lái dōng lìng yíng yòu gǎi míng wéi zhōng guó shù xué ào lín pǐ kè
学冬令营，后来冬令营又改名为中国数学奥林匹克。

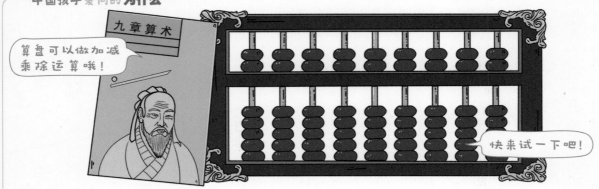

算盘可以做加减乘除运算哦!

快来试一下吧!

jiǔ zhāng suàn shù　　shì zěn yàng de　yī běn shū

《九章算术》是怎样的一本书?

jiǔ zhāng suàn shù　　shì yī bù chuán shì zuì gǔ lǎo de zhōng guó shù xué diǎn jí　　xì tǒng
　　《九章算术》是一部传世最古老的中国数学典籍,系统

zǒng jié le zhàn guó　qín hàn shí qī de shù xué chéng jiù　zài zhōng guó shù xué shǐ shang jù yǒu
总结了战国、秦、汉时期的数学成就,在中国数学史上具有

zhòng yào dì wèi　bèi fèng wéi　suàn jīng shí shū
重要地位,被奉为"算经十书"

zhī shǒu　bù guò　tā bìng fēi yī rén yī shí
之首。不过,它并非一人一时

zhī zuò　ér shì jīng guò xǔ duō rén de xiū gǎi
之作,而是经过许多人的修改

hé bǔ chōng hòu zhú jiàn wán shàn qǐ lái de
和补充后逐渐完善起来的。

zhè běn shū cǎi yòng wèn tí jí de xíng shì
这本书采用问题集的形式,

shōu yǒu　　　gè yǔ rén men shēng chǎn
收有246个与人们生产、
shēng huó shí jiàn jǐn mì xiāng guān de yìng
生活实践紧密相关的应
yòng wèn tí fǎn yìng le zhōng guó rén de
用问题，反映了中国人的
shù xué guān hé shēng huó guān měi dào
数学观和生活观。每道
tí yóu wèn tí mù dá dá
题由问（题目）、答（答
àn shù jiě tí de bù zhòu dàn
案）、术（解题的步骤，但
méi yǒu zhèng míng sān bù fen zǔ chéng yǒu de shì yī tí yī shù yǒu de zé shì duō tí yī
没有证明）三部分组成，有的是一题一术，有的则是多题一
shù huò yī tí duō shù zhè xiē wèn tí yī zhào xìng zhì hé jiě fǎ fēn chéng fāng tián sù mǐ
术或一题多术。这些问题依照性质和解法分成方田、粟米、
cuī fēn shǎo guǎng shāng gōng jūn shū yíng bù zú fāng chéng hé gōu gǔ gòng jiǔ zhāng shū míng
衰分、少广、商功、均输、盈不足、方程和勾股，共九章，书名
yě yóu cǐ ér lái
也由此而来。

jiǔ zhāng suàn shù jí dāng shí shù xué chéng jiù
　　《九章算术》集当时数学成就
zhī dà chéng xǔ duō nèi róng zài dāng shí shì jiè shang yě
之大成，许多内容在当时世界上也
shì lǐng xiān de yīn cǐ tā shì shì jiè shù xué de
是领先的。因此，它是世界数学的
yī fèn bǎo guì cái chǎn
一份宝贵财产。

探索小知识

　　2020年12月4日，中国科
学技术大学宣布，该校潘建伟
等人成功构建76个光子的量
子计算原型机"九章"，这个名
字正是来源于《九章算术》。

你知道《几何原本》是谁编写的吗？

是欧几里得！

jǐ hé yuán běn shì zěn yàng chuán rù zhōng guó de

《几何原本》是怎样传入中国的？

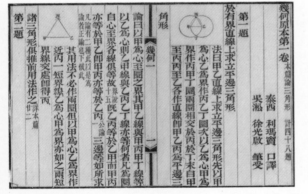

ōu jī lǐ dé shì gǔ xī là zhù míng
欧几里得是古希腊著名

shù xué jiā bèi chēng wéi jǐ hé zhī fù
数学家，被称为"几何之父"。

tā biān zhuàn de jǐ hé yuán běn jiǎn chēng
他编撰的《几何原本》，简称

yuán běn gòng juàn shì yī bù jí
《原本》，共13卷，是一部集

qián rén sī xiǎng hé ōu jī lǐ dé gè rén chuàng
前人思想和欧几里得个人创

zào xìng yú yī tǐ de bù xiǔ zhī zuò zhè běn shū bǎ rén men gōng rèn de yī xiē shì shí liè
造性于一体的不朽之作。这本书把人们公认的一些事实列

chéng dìng yì hé gōng lǐ yǐ xíng shì luó jí de fāng fǎ yòng zhè xiē dìng yì hé gōng lǐ lái
成定义和公理，以形式逻辑的方法，用这些定义和公理来

研究各种几何图形的性质，从而建立了一套从公理、定义出发，论证命题得到定理的几何学论证方法，形成了一个严密的逻辑体系——几何学。

《原本》传入中国，首先应归功于明末科学家徐光启。他一直主张引进西方数学和历法，并和意大利传教士利玛窦一起翻译了《原本》的前几卷，并把《原本》的中文译本定名为《几何原本》。未翻译的部分后来由英国人伟烈亚力和中国科学家李善兰在1856年完成翻译。至此，欧几里得的这一伟大著作第一次被完整地引入中国，对中国近代数学的发展起到了重要的作用。

探索小知识

几何学中最基本的一些术语，如点、线、角等中文译名，都是《几何原本》定下来的。这些译名还流传到日本、印度等国，沿用至今。

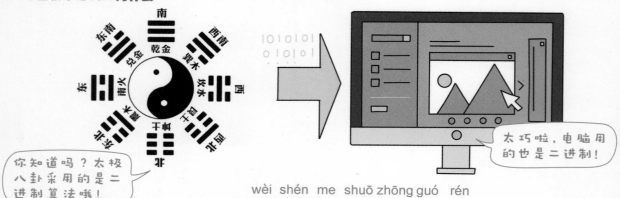

你知道吗？太极八卦采用的是二进制算法哦！

太巧啦，电脑用的也是二进制！

wèi shén me shuō zhōng guó rén
为什么说中国人

zuì zǎo tí chū le èr jìn zhì suàn fǎ
最早提出了二进制算法？

chuán shuō zài shàng gǔ shí dài fú xī fā xiàn le wàn shì
传说在上古时代，伏羲发现了万事

wàn wù yīn yáng xiāng shēng xiāng kè de dào lǐ gù fā míng le bā
万物阴阳相生相克的道理，故发明了八

guà bā guà shì gǔ rén yòng yú jì lù bǔ shì jié guǒ de fú
卦。八卦是古人用于记录卜筮结果的符

hào qí jī běn jié gòu shì yáo yī gè yáo yǒu liǎng zhǒng
号，其基本结构是"爻"。一个爻有两种

xíng tài yáng yòng yī cháng héng biǎo shì hé yīn yòng
形态："阳"（用一长横表示）和"阴"（用

liǎng duǎn héng biǎo shì sān gè yáo fàng zài yī qǐ zǔ chéng
两短横表示）。三个爻放在一起，组成

一个"卦"，因此卦种总共有8种。八卦互相搭配，又变成六十四卦。如果把阳爻当成"1"，把阴爻当成"0"，八卦可以与3位二进制数对应，而六十四卦则可以对应6位二进制数。

1679年，德国数学家莱布尼茨写了一篇题为《二进位算术》的文章，首次给出了关于二进制数及其运算较完整的描述，说明由1和0的排列形成的二进制数可以像十进制数那样表示任何整数。这与我国八卦的算法有极大的相似性，因此，可以说是中国人最早提出了二进制算法。

探索小知识

二进制是计算技术中广泛采用的一种数制，0和1是其基本算符。电子计算机的基础就是二进制。

这里填什么呢?

做出来啦，挑战成功的感觉真棒!

shéi fā míng le shù dú
谁发明了数独?

莱昂哈德·欧拉

shù dú shì yī zhǒng xū yào jìn xíng luó jí tuī lǐ
数独是一种需要进行逻辑推理

de shù zì tián chōng yóu xì wán jiā xū yào gēn jù
的数字填充游戏。玩家需要根据3×

de gé zi nèi de yǐ zhī shù zì tuī lǐ chū suǒ yǒu
3的格子内的已知数字，推理出所有

shèng yú kòng gé xū yào tián rù de shù zì shǐ shù zì
剩余空格需要填入的数字，使数字

zài měi yī háng měi yī liè hé měi yī gōng zhōng dōu
1~9在每一行、每一列和每一宫中都

chū xiàn qiě jǐn chū xiàn yī cì yīn cǐ zhè zhǒng gé zi yě
出现且仅出现一次，因此这种格子也

chēng jiǔ gōng gé zhè zhǒng yóu xì hòu lái yòu fā zhǎn
称"九宫格"。这种游戏后来又发展

chū sì gōng gé   liù gōng gé děng xíng shì
出四宫格、六宫格等形式。

shù dú yuán zì   shì jì chū ruì shì
数独源自18世纪初瑞士

shù xué jiā lái áng hā dé   ōu lā děng rén
数学家莱昂哈德·欧拉等人

yán jiū de lā dīng fāng zhèn   shì jì
研究的拉丁方阵。19世纪80

nián dài   yī wèi měi guó de tuì xiū jiàn zhù
年代，一位美国的退休建筑

shī gé áng sī gēn jù zhè zhǒng lā dīng fāng zhèn fā míng le
师格昂斯根据这种拉丁方阵发明了

yī zhǒng tián shù qù wèi yóu xì   zhè jiù shì shù dú de
一种填数趣味游戏，这就是数独的

chú xíng   shì jì   nián dài   rén men zài měi guó
雏形。20世纪70年代，人们在美国

探索 小知识

　　由世界智力谜题联合会主办的世界数独锦标赛是世界上规模最大的数独比赛，每年举办一次，冠军会被授予"数独之王"的荣誉称号。

de yī běn yì zhì zá zhì shang fā xiàn le zhè ge yóu xì   dāng shí tā bèi chēng wéi   tián shù
的一本益智杂志上发现了这个游戏，当时它被称为"填数

zì   zhè yě shì mù qián gōng rèn de shù dú zuì zǎo de fā biǎo jì lù   nián yī
字"。这也是目前公认的数独最早的发表记录。1984年，一

wèi rì běn xué zhě jiāng qí yǐn rù rì běn fā biǎo zài yī běn yóu xì zá zhì shang dāng shí qǐ
位日本学者将其引入日本，发表在一本游戏杂志上，当时起

míng wéi shù dú   shù biǎo shì shù zì de yì si   dú biǎo shì wéi yī de yì si
名为"数独"，"数"表示数字的意思，"独"表示唯一的意思。

shù dú bù jǐn yǒu qù hǎo wán   hái kě yǐ tí gāo rén de luó jí sī wéi néng lì hé
数独不仅有趣好玩，还可以提高人的逻辑思维能力和

tuī lǐ néng lì
推理能力！

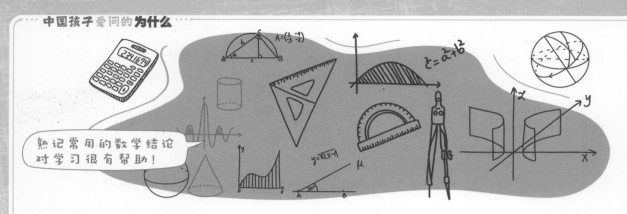

熟记常用的数学结论对学习很有帮助！

为什么数学结论是可靠的？

　　数学存在和发展了几千年，并应用在人类社会的各个领域。这不仅因为数学与万事万物密切相关，还因为数学的结论是可靠的。

　　数学理论的起点是建立在公理基础上的，公理是普遍的、经过大量实践检验的事实，确凿无疑。比如，我们在中小学阶段学习的代数学、几何学，都是从几个最简单、最明了的事实（公理、法则）出发，经过严密的演绎推理而得到

de zhè xiē jǐ běn fǎ zé huò gōng lǐ de chéng lì shì xiǎn rán de huò zhǎo bù chū fǎn lì
的。这些基本法则或公理的成立是显然的或找不出反例

de tā men shì dài shù xué jǐ hé xué de jī chǔ huò jī běn qián tí diàn dìng le shù xué
的，它们是代数学、几何学的基础或基本前提，奠定了数学

kē xué de kě kào xìng yīn cǐ yóu zhè xiē jī běn guī zé huò gōng lǐ yǎn yì tuī lǐ ér
科学的可靠性。因此，由这些基本规则或公理演绎推理而

lái de shù xué jié lùn dāng rán shì jué duì kě kào de
来的数学结论当然是绝对可靠的。

bù guò yóu dān chún de guī lèi jǔ lì shí yàn mó nǐ cāi cè děng dé dào de
不过，由单纯的归类、举例、实验、模拟、猜测等得到的

jié lùn kě yǐ yòng lái jiě shì huò zhī chí jié lùn dàn bù néng zuò wéi què lì shù xué jié lùn
结论，可以用来解释或支持结论，但不能作为确立数学结论

de gēn jù
的根据。

探索小知识

加法交换律是数学里的计算法则之一，指两个加数相加，交换加数的位置，和不变。这个法则是在自然数的定义上演绎推理而来的。

$$\frac{65}{12}q = (1A + \frac{4}{8}) + (10 + \frac{2}{3}q)$$

$$\frac{3}{4} = p(48 + 13C)(35 - 18q)$$

$$q\frac{65}{p} = \frac{3}{4}(\frac{p}{65} - \frac{C}{13})(88 + 122)$$

$$\frac{3}{4} = p(48 + 13C)(35 - 18q)$$

世界上最有影响力的数学奖是什么？

说起世界上最著名、最有影响力的数学奖，当然非菲尔兹奖莫属，甚至有人称之为"数学界的诺贝尔奖"。

1924年，在加拿大多伦多召开的第七届国际数学家大会上，加拿大数学家菲尔兹建议以大会结余的经费作为基金，设立一个数学奖，他个人也捐赠了部分资金。1932年，菲尔兹不幸病故，同年

探索小知识

诺贝尔奖是世界上最著名、影响力最大的科学奖项之一，包括物理学奖、化学奖、和平奖、生理学或医学奖、文学奖和经济学奖。

菲尔兹奖

在瑞士苏黎世召开的国际数学家大会通过了设立菲尔兹奖的决定。该奖从1936年起开始评定，在每届国际数学家大会上颁发。得奖者可获得1500美元奖金和一枚金质奖章。

除菲尔兹奖外，国际上有声望的数学奖还有1976年由沃尔夫基金会设立的"沃尔夫奖"。沃尔夫奖每年颁发一次，奖给数学、物理、化学、医学、农业和艺术领域的杰出成就者。1984年，美籍华裔数学家陈省身教授获得了沃尔夫数学奖。

沃尔夫奖

为什么数学建模越来越受重视？

进入21世纪后，数学的应用范围越来越广泛。数学建模就是根据实际问题来建立数学模型，再对数学模型进行求解，最后根据结果去解决实际问题。比如解释某种现象，或者预测未来的发展规律，还可以提供解决问题的策略。

数学建模还能启迪孩子的数学思维。通过参加数学建模的学习和实践，孩子能更好地理解、应用和热爱数学。

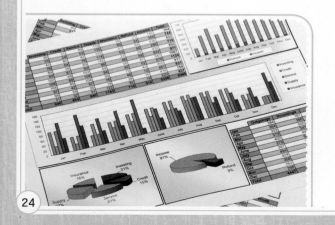

探索小知识

全国大学生数学建模竞赛创办于1992年，每年一届，已成为全国高校规模最大的基础性学科竞赛，也是世界上规模最大的数学建模竞赛。

1 千克和 1 斤是一样的吗？为什么数字分为有理数和无理数？怎么区分奇数和偶数？本章节将会用有趣的语言为大家介绍各种数学小知识，带你感受数学世界的奇妙。

数学小知识

SHUXUE XIAO ZHISHI

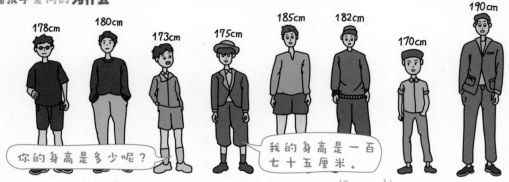

你的身高是多少呢？

我的身高是一百七十五厘米。

wèi shén me yǒu de shù yǒu dān wèi
为什么有的数有单位，

bìng qiě huì yǒu jǐ shí jǐ bǎi zhè yàng de shuō fǎ
并且会有几十、几百这样的说法？

shù xué shang yǒu xǔ duō dān wèi bǐ rú cháng dù dān wèi yǒu lí mǐ fēn mǐ mǐ
数学上有许多单位，比如长度单位有厘米、分米、米，

zhòng liàng dān wèi yǒu kè qiān kè dūn shí jiān dān wèi yǒu miǎo fēn xiǎo shí jì shù dān
重量单位有克、千克、吨，时间单位有秒、分、小时，计数单

wèi yǒu gè shí bǎi děng
位有个、十、百等。

shàng gǔ shí qī rú guǒ yào jì lù pǐ mǎ rén men jiù
上古时期，如果要记录40匹马，人们就

huì zài dì shang huà 40 gè jì hao rú guǒ yào jì lù chéng bǎi
会在地上画40个记号。如果要记录成百

shàng qiān de wù tǐ yòng zhè zhǒng fāng fǎ jì shù jiù fēi cháng má
上千的物体，用这种方法计数就非常麻

fan jīng guò xǔ duō cì de fǎn fù jì suàn hé zǒng jié rén men
烦！经过许多次的反复计算和总结，人们

fā míng le shí jìn wèi zhì bù tóng shù wèi shang de shù zì dài
发明了十进位制。不同数位上的数字代

biǎo bù tóng de shù zhí cóng yòu wǎng zuǒ fēn bié shì gè
表不同的数值，从右往左，分别是个

wèi shí wèi bǎi wèi qiān wèi děng jì shù dān wèi fēn
位、十位、百位、千位等，计数单位分

bié shì gè shí bǎi qiān děng tóng yī gè shù zì
别是个、十、百、千等。同一个数字，

yóu yú suǒ zài de shù wèi bù tóng jì shù dān wèi bù tóng suǒ biǎo shì de shù zhí yě jiù bù
由于所在的数位不同，计数单位不同，所表示的数值也就不

tóng rú guǒ wǒ men yào jì 512 zhǐ yào zài bǎi wèi shang xiě gè shí wèi shang xiě gè
同。如果我们要计512，只要在百位上写个5，十位上写个1，

gè wèi shang xiě gè jiù kě yǐ le
个位上写个2就可以了。

探索小知识

除了十进位制，外国人还
使用过"十二进位制"，12件物
品称为1打，12打称为1罗。不
过，这种进位制使用范围比较
小，远不如十进位制方便。

gǔ āi jí rén yòng bù tóng de xiàng xíng wén zì lái biǎo
古埃及人用不同的象形文字来表

shì ér gǔ yìn dù rén zé fā
示1、10、100、1000……而古印度人则发

míng le jiǎn dān de ā lā bó shù zì zhí dào xiàn zài wǒ
明了简单的阿拉伯数字，直到现在我

men hái zài shǐ yòng
们还在使用。

老板，称点小白菜。

好的，正好一斤。

1千克和1斤是一样的吗？

qiān kè hé jīn shì yī yàng de ma

xiǎo péng yǒu hé mā ma qù chāo shì huò cài shì chǎng mǎi cài shí huì fā xiàn yǒu shí shuō
小朋友和妈妈去超市或菜市场买菜时会发现，有时说

qiān kè yǒu shí shuō jīn nà me qiān kè hé jīn shì yī yàng de ma
"千克"，有时说"斤"。那么，1千克和1斤是一样的吗？

qiān kè shì guó jì dān wèi zhì zhōng dù liàng
"千克"是国际单位制中度量

zhì liàng de jī běn dān wèi yě shì rì chángshēng huó zhōng
质量的基本单位，也是日常生活中

cháng yòng de jī běn dān wèi zhī yī guó jì qiān kè
常用的基本单位之一。国际千克

yuán qì shì qiān kè dān wèi biāo zhǔn wù de fǎ mǎ shì
原器是千克单位标准物的砝码，是

shì jì mò yóu fǎ guó kē xué yuàn zhì zuò de
18世纪末由法国科学院制作的。

原计划制作的是新颁布的质量的主单位——克的原器，但因为当时工艺和测量技术有限，所以制作了质量是克的1000倍的原器。

"斤"是中国传统的质量单位，又叫"市斤"，和"千克"是两个不一样的质量单位。它们之间可以进行换算：1千克=2斤。由于"斤"一类的市制单位在我们生活中用途广泛，因此一直被沿用至今。

知道了千克和斤的区别，我们称量物体质量时，就可以将质量单位从千克换算成斤，或者从斤换算成千克了。

探索小知识

中国古代的质量单位除斤外，还有两（16两为1斤）、铢（24铢为1两）、钧（30斤为1钧）。

国际千克原器

这时就需要小数点来帮忙啦！

大于0且小于1的数字该怎么表示呢？

xiǎo shù diǎn de běn lǐng zhēn de hěn dà ma
小数点的本领真的很大吗？

shì yī gè xiǎo shù　　zhōng jiān de xiǎo yuán diǎn jiù shì xiǎo shù diǎn　　shì jì
0.26是一个小数，中间的小圆点就是小数点。17世纪
shí　sū gé lán shù xué jiā yuē hàn　　nà pí ěr shǒu xiān shǐ yòng le wǒ men shú xi de xiǎo
时，苏格兰数学家约翰·纳皮尔首先使用了我们熟悉的小
shù diǎn　jí
数点，即"．"。

suī rán xiǎo shù diǎn kàn qǐ lái zhǐ shì yī gè xiǎo
虽然小数点看起来只是一个小
yuán diǎn　　dàn zuò yòng kě bù xiǎo　　shǒu xiān　　tā kě yǐ
圆点，但作用可不小。首先，它可以
jiāng yī gè shí jìn zhì shù gé chéng zuǒ bian de zhěng shù bù
将一个十进制数隔成左边的整数部
fen hé yòu bian de xiǎo shù bù fen　　xiǎo shù bù fen yòu
分和右边的小数部分。小数部分右

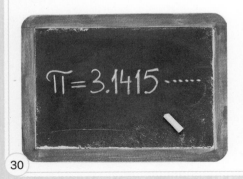

π=3.1415……

biān dì yī wèi shì shí fēn wèi jì shù dān wèi shì shí fēn zhī yī
边第一位是十分位,计数单位是十分之一
yòu biān dì èr wèi shì bǎi fēn wèi jì shù dān wèi shì
（0.1）；右边第二位是百分位,计数单位是
bǎi fēn zhī yī xiǎo shù bù fen bù guǎn duō dà
百分之一（0.01）……小数部分不管多大,
dōu bǐ xiǎo qí cì xiǎo shù diǎn ràng xiǎo shù de shū xiě biàn
都比1小。其次,小数点让小数的书写变
de gèng jiǎn jié yōu měi
得更简洁优美。

wǒ guó wèi jìn shí qī de shù xué jiā liú huī shì dì yī
我国魏晋时期的数学家刘徽是第一
gè miáo shù xiǎo shù gài niàn de rén tā bǎ biǎo shì
个描述小数概念的人,他把3.14表示
wéi sān zhàng yī chǐ sì cùn zhè zhǒng fāng shì lèi sì yú
为三丈一尺四寸。这种方式类似于
bǎ yuán biǎo shì wéi yuán jiǎo fēn dàn zhè
把3.14元表示为3元1角4分。但这
yàng xiě qǐ lái bǐ jiào fù zá yú shì zhè zhǒng fāng fǎ jiàn
样写起来比较复杂,于是这种方法渐
jiàn bèi táo tài le
渐被淘汰了。

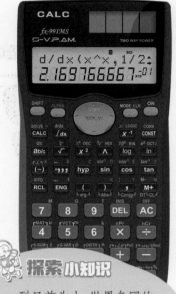

神奇的数学

探索小知识

到目前为止,世界各国的小数点写法还没有完全统一,主要分为两种:一种是德国、法国等使用的",",另一种是中国、美国等使用的"."。

0,1

0.1

3.1415926……

山巅一寺一壶酒……

原来还能这样记忆圆周率啊!

为什么数字分有理数和无理数?

公元前6世纪,古希腊著名数学家毕达哥拉斯认为,世上只存在整数和整数之比(分数),比如所有线段都能用整数或整数之比来表示。

然而,当毕达哥拉斯证明勾股定理后,他的学生希帕索斯在研究老师的著名成果时,意外发现正方形的对角线与边长的比(我们熟知的$\sqrt{2}$)既不是整数也不是分数,而是一个当时人们完全不了解的全新的数。这一发现彻底推翻了

毕达哥拉斯及其学派的数学与哲学信条。

在希帕索斯之后，人们发现了许多和 $\sqrt{2}$ 一样的数。后来，这类数被统称为无理数，也就是无限不循环小数，如圆周率等；与之相对，人们原来接受的数（整数或分数）被称为有理数，如 5、$\frac{1}{4}$ 等。

有理数和无理数的区别在于，有理数能写成有限小数或无限小数，无理数只能写成无限不循环小数；有理数可以写成两个整数的比，而无理数不能。

$$5 \div 8 = \frac{5}{8}$$

探索小知识

$\sqrt{2}$ 的出现在古希腊数学界掀起了一场巨大风暴，直接动摇了毕达哥拉斯学派的数学信仰，引发了西方数学史上"第一次数学危机"。

神奇的数学

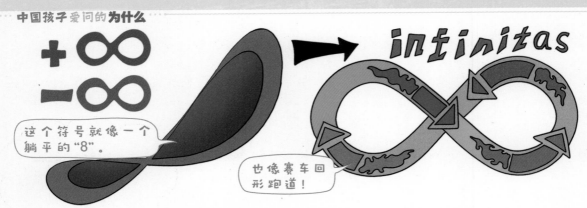

这个符号就像一个躺平的"8"。

也像赛车回形跑道！

^{wú qióng dà} ^{shì zěn me huí shì}"无穷大"是怎么回事？

^{xiāng xìn nǐ yī dìng shì yī gè shǔ shù xiǎo néng shǒu} ^{dàn nǐ zhī dào ma} ^{jí shǐ nǐ}
相信你一定是一个数数小能手！但你知道吗？即使你

^{bù tíng de shǔ} ^{yě yǒng yuǎn shǔ bù dào} ^{wú qióng dà} ^{yīn wèi wǒ men néng gòu xiǎng xiàng chū}
不停地数，也永远数不到"无穷大"！因为我们能够想象出

^{lái de zuì dà de shù yě yào bǐ tā xiǎo} ^{wú qióng jiù shì wú xiàn} ^{wú qióng dà jiù shì wú}
来的最大的数也要比它小。无穷就是无限，无穷大就是无

^{xiàn dà}
限大。

^{wú qióng huò wú xiàn de shù xué fú}
无穷或无限的数学符

^{hào wéi} ^{lái zì yú lā dīng wén de}
号为"∞"，来自于拉丁文的

^{jí méi yǒu biān jiè de}
"infinitas"，即"没有边界"的

意思。这个符号是在英国人约翰·沃利斯于1655年出版的《无穷算术》一书中被首次使用的，看起来就像是将8水平放置而成。

无穷可分为正无穷和负无穷，正无穷表示比任何一个数字都大的数值，符号为"$+\infty$"；负无穷表示比任何一个数字都小的数值，符号为"$-\infty$"。

现在，无穷大理论不仅应用在数学中，甚至在物理、哲学等学科中也发挥着较大的作用。

约翰·沃利斯

探索小知识

有无穷大，当然也有无穷小。无穷小是一个不断变化的量，不断地变小，越来越接近于0，通常用小写希腊字母表示，如α、β、ε等。

不能被2整除的是奇数。

能被2整除的是偶数。

怎么区分奇数和偶数？

小朋友们刚进入一年级的时候，会认识1、3、5、7……这样的单数和2、4、6、8……这样的双数。继续学习，你就会发现原来我们认识的单数都有一个共同特点，即它们都不是2的倍数，而且都不能被2整除；而我们认识的双数都是2的倍数，都能被2整除。于是，我们把整数中能

1 3 5 7 9

2 4 6 8

bèi　zhěng chú de shù jiào zuò ǒu
被2整除的数叫作偶
shù　　bù néng bèi zhěng chú de
数，不能被2整除的
shù jiào zuò jī shù
数叫作奇数。

wǒ men kě yǐ gēn jù
我们可以根据2
de bèi shù de tè zhēng lái pàn duàn
的倍数的特征来判断
jī shù hé ǒu shù gè wèi shang
奇数和偶数，个位上
shì de shù jiù shì ǒu shù gè wèi shang shì
是0、2、4、6、8的数就是偶数，个位上是
de shù jiù shì jī shù hái kě yǐ gēn jù
1、3、5、7、9的数就是奇数；还可以根据
suàn shì de jī ǒu xìng pàn duàn jié guǒ de jī ǒu xìng lì
算式的奇偶性判断结果的奇偶性，例
rú jī shù jī shù ǒu shù jī shù ǒu shù jī shù ǒu shù ǒu shù
如：奇数＋奇数＝偶数，奇数＋偶数＝奇数，偶数＋偶数＝偶数，
jī shù jī shù jī shù jī shù ǒu shù ǒu shù
奇数×奇数＝奇数，奇数×偶数＝偶数。

lìng wài jī shù hé ǒu shù yě yǒu zhèng fù zhī fēn bǐ rú shì zhèng jī shù
另外，奇数和偶数也有正负之分，比如1是正奇数，−1
shì fù jī shù shì zhèng ǒu shù shì fù ǒu shù
是负奇数；2是正偶数，−2是负偶数。

探索小知识

1742年，哥德巴赫提出了一个著名的猜想：任何一个大于2的偶数都是两个质数之和。他请数学家欧拉帮忙证明，但直到去世，欧拉也没有成功证明。

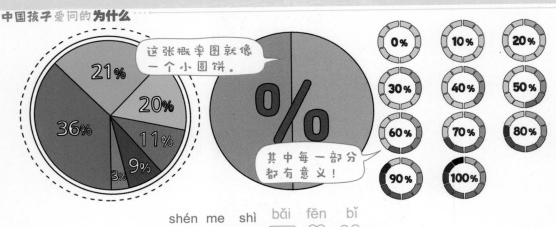

这张概率图就像一个小圆饼。

其中每一部分都有意义！

shén me shì bǎi fēn bǐ
什么是百分比？

bǎi fēn shù yòu jiào zuò bǎi fēn bǐ huò bǎi fēn lǜ biǎo shì yī gè shù shì lìng yī gè
百分数又叫作百分比或百分率，表示一个数是另一个

shù de bǎi fēn zhī jǐ rú biǎo shì
数的百分之几，如15%表示

yī gè shù zhàn lìng yī gè shù de bǎi
一个数占另一个数的 $\frac{15}{100}$。百

fēn shù tōng cháng bù xiě chéng fēn shù de xíng shì
分数通常不写成分数的形式，

ér shì zài yuán lái de fēn zǐ hòu miàn jiā shàng
而是在原来的分子后面加上

bǎi fēn hào lái biǎo shì dú zuò bǎi
百分号"%"来表示，读作"百

80% 20% 15%
75%
30% 25% 50%
10% 60%
40% 5%

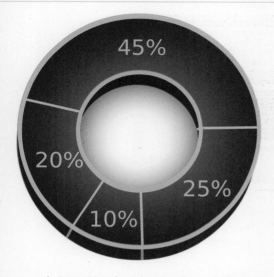

45%
20%
25%
10%

fēn zhī
分之……",

rú
如1%

dú zuò bǎi fēn zhī yī
读作百分之一。

bǎi fēn shù kàn qǐ lái jiǎn dān míng liǎo biàn yú
百分数看起来简单明了,便于

bǐ jiào fēn xī yīn cǐ zài shēng chǎn hé shēng huó zhōng yǒu
比较分析,因此在生产和生活中有

zhe guǎng fàn de yìng yòng rén men zài jìn xíng gè zhǒng
着广泛的应用。人们在进行各种

diào chá tǒng jì fēn xī bǐ jiào shí jiù jīng cháng yòng
调查统计、分析比较时,就经常用

dào bǎi fēn shù rú wǔ bān xué shēng de jìn
到百分数。如:五(1)班学生的近

shì lǜ shì biǎo shì gāi bān jí zhōng jìn shì de
视率是12%,表示该班级中近视的

xué shēng shù zhàn quán bān zǒng xué shēng shù de
学生数占全班总学生数的12%。

lìng wài bǎi fēn shù hái kě yǐ yǔ xiǎo shù jìn xíng hù huàn xiǎo shù huà chéng bǎi fēn
另外,百分数还可以与小数进行互换。小数化成百分

shù shì jiāng xiǎo shù diǎn xiàng yòu yí liǎng wèi hòu zài jiā shàng bǎi fēn hào bǐ rú xiě chéng
数是将小数点向右移两位后再加上百分号,比如0.53写成

bǎi fēn shù jiù shì bǎi fēn shù huà chéng xiǎo shù xiān
百分数就是53%;百分数化成小数先

qù diào bǎi fēn hào rán hòu xiǎo shù diǎn xiàng zuǒ yí liǎng
去掉百分号,然后小数点向左移两

wèi bǐ rú xiě chéng xiǎo shù jiù shì
位,比如20%写成小数就是0.2。

探索小知识

百分数跟分数都可以表示一个数是另一个数的几分之几,不同的是,百分数只能表示比值,不能表示具体的数量,后面不能加单位。

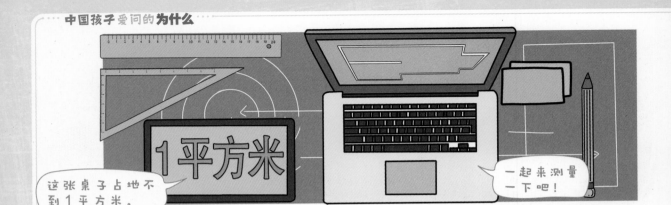

1平方米

这张桌子占地不到1平方米。

一起来测量一下吧！

<ruby>1<rt></rt></ruby> <ruby>平<rt>píng</rt></ruby> <ruby>方<rt>fāng</rt></ruby> <ruby>米<rt>mǐ</rt></ruby> <ruby>有<rt>yǒu</rt></ruby> <ruby>多<rt>duō</rt></ruby> <ruby>大<rt>dà</rt></ruby>？

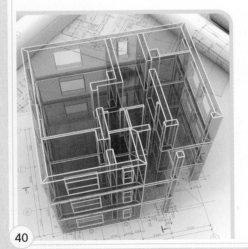

人们在计算房子面积的大小时，经常用"平方米"作单位。那么，你知道1平方米到底有多大吗？

平方米是面积单位中的一个，而面积是指物体的表面或围成的平面图形的大小。不同的平面图形有不

tóng de miàn jī jì suàn fāng fǎ　　bǐ rú cháng fāng
同的面积计算方法，比如长方

xíng de miàn jī　cháng　kuān　zhèng fāng xíng de miàn
形的面积＝长×宽，正方形的面

jī　biān cháng　biān cháng
积＝边长×边长。

神奇的数学

yào xiǎng zhī dào　　píng fāng mǐ yǒu duō dà
　　要想知道1平方米有多大，

wǒ men kě yǐ jiè zhù juǎn chǐ hé bǐ zài dì shang
我们可以借助卷尺和笔在地上

huà yī gè biān cháng wéi　mǐ de zhèng fāng xíng　zhè ge zhèng fāng xíng de miàn jī jiù shì　píng
画一个边长为1米的正方形，这个正方形的面积就是1平

fāng mǐ
方米。

cháng yòng de miàn jī dān wèi chú le píng fāng mǐ　hái yǒu píng fāng lí mǐ　píng fāng fēn
　　常用的面积单位除了平方米，还有平方厘米、平方分

mǐ děng　ér qiě zhè xiē miàn jī dān wèi zhī jiān kě yǐ jìn
米等，而且这些面积单位之间可以进

xíng huàn suàn　　píng fāng mǐ　　　píng fāng fēn mǐ
行换算，1平方米＝100平方分米＝10000

píng fāng lí mǐ
平方厘米。

1亩
≈666.67平方米

◁── 25.82米 ──▷

1公顷
=10000平方米

◁────── 100米 ──────▷

当测量较大的面积时，人们就要用到公顷和平方千米。边长是 100 米的正方形，面积是 1 公顷；边长是 1 千米的正方形，面积是 1 平方千米。

概率可以解决许多问题。

一次拿 3 个球，同时拿到两个黑球的概率有多大？

shén me shì gài lǜ
什么是概率？

gài lǜ fǎn yìng suí jī shì jiàn fā shēng de kě néng xìng de dà xiǎo yī bān yòng yī gè
概率反映随机事件发生的可能性的大小，一般用一个
zài dào zhī jiān de shí shù biǎo shì
在 0 到 1 之间的实数表示。

zài yī gè dài zi li zhuāng mǎn hóng sè de qiú rèn
在一个袋子里装满红色的球，任
yì mō yī gè yī dìng shì hóng qiú zhè shì bì rán shì
意摸一个，一定是红球，这是必然事
jiàn kě yǐ yòng biǎo shì rèn yì mō yī gè bù kě
件，可以用 1 表示；任意摸一个，不可
néng shì huáng qiú kě yǐ yòng biǎo shì zhè liǎng gè jié
能是黄球，可以用 0 表示。这两个结
guǒ dōu shì què dìng de
果都是确定的。

在一个袋子里装3个红球、2个黄球、1个黑球。任意摸一个球，摸到红球的可能性是 $\frac{1}{2}$，摸到黄球的可能性是 $\frac{1}{3}$，摸到黑球的可能性是 $\frac{1}{6}$。这些结果不确定，也称为随机事件。0<概率<1，随机事件的概率越接近1，可能性越大；概率越接近0，可能性越小。

第一个系统地推算概率的人是16世纪的意大利数学家吉罗拉莫·卡尔达诺。他写了一本名为《论赌博游戏》的书，这是世界上第一本概率论著作。现在，人们可以用概率论法研究许多问题。

探索小知识

概率论是研究随机现象数量规律的数学分支。研究随机过程的统计特性，计算与过程有关的某些事件的概率，都是概率论的主要课题。

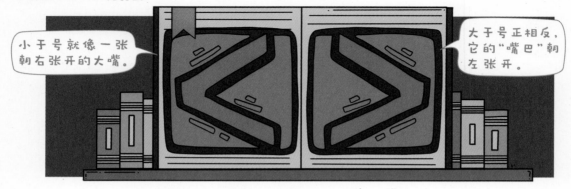

怎样比较数的大小？

你一定知道，5比4大，6比7小，可是如果要你写在纸上告诉别人，那该怎么表示呢？

表示数与数、式与式之间某种关系的特定记号，如">""<""="等，叫作关系符号。小于号"<"和大于号">"是英国数学家托马斯·哈里奥特于17世纪首先使用的。第一

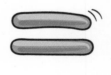

gè shǐ yòng fú hào de shì shì jì yīng guó zuì yǒu yǐng xiǎng lì de shù xué jiā luó bó
个使用"="符号的是16世纪英国最有影响力的数学家罗伯

tè léi kē dé quē kǒu xiàng zuǒ yì si shì zuǒ biān de shù bǐ yòu biān de dà
特·雷科德。">"缺口向左，意思是左边的数比右边的大。

quē kǒu cháo yòu yì si shì zuǒ biān de shù bǐ yòu biān de xiǎo biǎo shì zuǒ biān
"<"缺口朝右，意思是左边的数比右边的小。"="表示左边

hé yòu biān xiāng děng zhè yàng wǒ men jiù zhī dào bǐ dà kě yǐ biǎo shì wéi
和右边相等。这样我们就知道，5比4大可以表示为"5>4"，

bǐ xiǎo kě yǐ biǎo shì wéi rú guǒ zuǒ biān hé yòu biān shì xiāng děng de jiù
6比7小可以表示为"6<7"。如果左边和右边是相等的，就

yòng lián jiē
用"="连接。

yīn cǐ shù yǔ shù shì
因此，数与数、式

yǔ shì zhī jiān rú guǒ xiāng děng jiù
与式之间如果相等就

yòng děng hào biǎo shì dāng yī gè shù
用等号表示，当一个数

bǐ lìng yī gè shù dà huò xiǎo shí
比另一个数大或小时，

yòng dà yú hào huò xiǎo yú
用大于号或小于

hào biǎo shì
号表示。

$$5 > 4$$
$$6 < 7$$

探索小知识

表示大小关系的符号还有"≥"和"≤"。"≥"表示一个数值比另一个数值大或两数相等；"≤"表示一个数值比另一个数值小或两数相等。

比例尺是等比的，1厘米可以表示数百米。

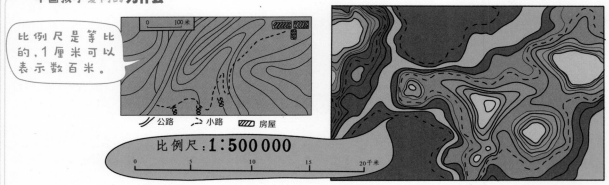

公路　小路　房屋

比例尺：1:500 000

0　　5　　10　　15　　20千米

在数学中怎样表示比例？
zài shù xué zhōng zěn yàng biǎo shì bǐ lì

bǐ de gài niàn shì tōng guò bǐ jiào liǎng gè tóng lèi liàng zhī jiān de bèi shù guān xì ér chǎn
比的概念是通过比较两个同类量之间的倍数关系而产

shēng de　　liǎng gè tóng lèi liàng zhī jiān de bèi shù guān xì　　jiào zuò tā men de bǐ　　lì rú
生的。两个同类量之间的倍数关系，叫作它们的比。例如

bān li yǒu　　gè nán shēng　　gè nǚ shēng　　nà me nán shēng yǔ nǚ shēng de rén shù bǐ jiù
班里有15个男生、30个女生，那么男生与女生的人数比就

shì　　bǐ　　zhè shí jiù kě yǐ bǎ tā xiě
是15比30，这时就可以把它写

chéng　　duì yìng de shì nán shēng rén
成 15：30。15 对应的是男生人

shù　　duì yìng de shì nǚ shēng rén shù　　zhè ge
数，30 对应的是女生人数，这个

bǐ kě bù néng xiě fǎn o
比可不能写反哦。

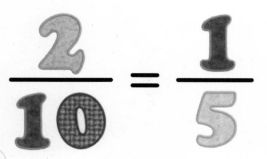

$$\frac{2}{10} = \frac{1}{5}$$

在比例式中，比号前面的数叫作比的前项，比号后面的数叫作比的后项，比的前项除以后项所得的商叫作比值。比值一般用分数表示，也可以用小数或整数表示。别忘记，我们还要把比的前项和后项都除以最大公因数，化成最简整数比。15和30除以它们的最大公因数15之后，化简成1:2，也就可以写成15:30=1:2。

探索小知识

绘制地图时，比例尺指图上一条线段的长度与它所表示的实际长度之比。在同样一幅图上，比例尺越大，地图所表示的范围越小，精度越高。

尺子上的单位是怎么来的？

尺子上的一道道刻度，分别代表着不同的长度。长度单位有米、分米、厘米、毫米等，这些长度单位是怎么发明的呢？

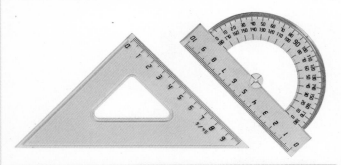

1790年5月，由法国科学家组成的特别委员会，建议以通过巴黎的地球子午线全长的四千万分

巴黎天文台子午室

之一作为长度单位——米，次年这一提议获得法国国会的批准。后来，各国纷纷采用"米"作为长度计量单位。

不久，"米"就成为世界各国统一使用的公制单位。为了使这一公制单位更加精确，人们又在"米"的基础上细分了分米、厘米、毫米等单位，1米=10分米=100厘米=1000毫米。这些长度单位被刻在尺子上，用以计量各种物体的长度，比如人的身高、腰围等都可以用尺子量出来。

探索小知识

尺子又称量尺、刻度尺，是用来画线段、量度长度的工具，一般分为卷尺、游标卡尺、直尺等，多用塑料、铁、不锈钢、有机玻璃等材料制成。

大米可以摆满这个棋盘吗？

用大米和棋盘可以找到质数吗？

传说印度国王为了感谢一位数学家，请他说出自己想要得到的奖赏。这位数学家提出了一个要求：在棋盘的第1格里放入1粒米，在棋盘的第2格里放入2粒米，在棋盘的第3格里放入4粒米……依此类推，每个方格中的米粒数量都是前一格中米粒数量的2倍。国王毫不犹豫地答应了，可随后便后悔

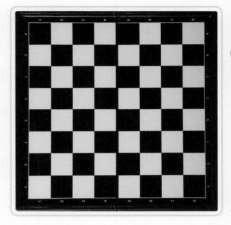

wàn fēn   dào dì   gé shí   tā yǐ jīng bù néng tí gōng
万分，到第64格时，他已经不能提供
zú gòu duō de dà mǐ le
足够多的大米了。

hòu lái   rén men fā xiàn dà mǐ hé qí pán de gù
后来，人们发现大米和棋盘的故
shì li yǐn cáng zhe yī gè zhì shù de gōng shì   zhì shù shì
事里隐藏着一个质数的公式。质数是
zhǐ zài dà yú   de zhěng shù zhōng   chú le   hé tā běn
指在大于1的整数中，除了1和它本
shēn wú fǎ bèi qí tā zhěng shù zhěng chú de shù   rú guǒ
身，无法被其他整数整除的数。如果
wǒ men bǎ qí pán fāng gé zhōng dà mǐ de shù liàng jiā zài yī qǐ   tōng cháng huì dé dào yī gè zhì
我们把棋盘方格中大米的数量加在一起，通常会得到一个质
shù bǐ rú bǎ qián   gè fāng gé zhōng de mǐ lì shù   jiā zài yī qǐ kě dé dào zhì
数，比如把前3个方格中的米粒数1、2、4加在一起，可得到质
shù   ér jiāng qián   gè fāng gé zhōng de mǐ lì shù   jiā qǐ lái kě dé dào
数7；而将前5个方格中的米粒数1、2、4、8、16加起来，可得到
zhì shù   dàn zhè zhǒng fāng fǎ bìng bù zěn me guǎn yòng   jiāng qián   gè fāng gé zhōng de mǐ
质数31。但这种方法并不怎么管用，将前11个方格中的米

lì shù dōu jiā zài yī qǐ shí huì dé dào shù zì
粒数都加在一起时，会得到数字2047，
hěn kě xī   bìng bù shì zhì shù   yīn wèi
很可惜2047并不是质数，因为2047=23
     jǐn guǎn zhè zhǒng fāng fǎ bìng bù zǒng shì guǎn yòng
×89。尽管这种方法并不总是管用，
dàn tā yī rán dài lǐng wǒ men fā xiàn le xǔ duō zhì shù
但它依然带领我们发现了许多质数。

在质数序列中，有些相
邻质数之间的差是2，比如
3和5,5和7等,这样的质
数叫作孪生质数。不过，1
并不是质数哟！

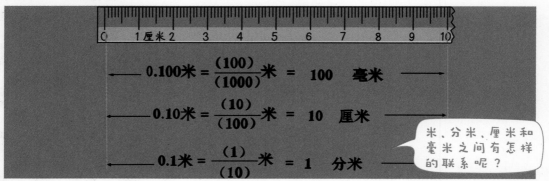

$$0.100米 = \frac{(100)}{(1000)}米 = 100 \quad 毫米$$

$$0.10米 = \frac{(10)}{(100)}米 = 10 \quad 厘米$$

$$0.1米 = \frac{(1)}{(10)}米 = 1 \quad 分米$$

米、分米、厘米和毫米之间有怎样的联系呢？

0.1 和 0.10 是一样的吗？

我们学到精确小数的时候，会发现1/10=0.1，1/100=0.10，这两个数的值是相等的，只是计数单位不同，0.1 的计数单位是0.1，0.10 的计数单位是0.01。

当我们学到小数的近似数，用"四舍五入"法取近似值的时候，0.1 可能是从0.05 用"五入"得到的，也可能是0.14用"四舍"得到的。因此，近似小数0.1 表示它的值在大于或等于0.05 到小于0.15 之间。如果用X表示它的准确值，它的取值范围在 0.05≤X<0.15。近似数是 0.10 的小数表示它的值在大于或等于 0.095 到小于 0.105 之间，我们用 Y 表示它的准确值，它的取值范围在 0.095≤Y<0.105，Y 比 X 精确得多。因此，作为近似数，0.1 和 0.10 是不同的。

小朋友们，一定要注意哦！在用于准确小数的时候，应该把 0.10 写作 0.1，小数末尾的 0 可以舍去；但在求近似小数的时候，不能把 0.10 末尾的 0 舍去，这个 0 有占位作用。

探索小知识

四舍五入法：在需要保留有效数字的后一位上，若数字小于或等于 4 时，直接把尾数舍去；若大于或等于 5，把尾数舍去后向前一位进 1。

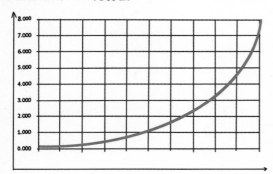

对数的应用非常广泛，它还可以用来衡量地震的级别哦！

wèi shén me shuō duì shù zài shēng huó zhōng de yìng yòng shí fēn guǎng fàn
为什么说对数在生活中的应用十分广泛？

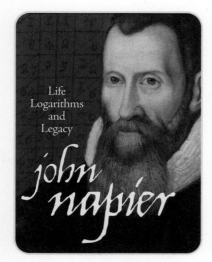

约翰·纳皮尔

duì shù shì sū gé lán shù xué jiā yuē hàn · nà pí
对数是苏格兰数学家约翰·纳皮
ěr fā míng de zài shù xué zhōng duì shù shì duì qiú mì
尔发明的。在数学中，对数是对求幂
de nì yùn suàn zhèng rú chú fǎ shì chéng fǎ de nì yùn suàn
的逆运算，正如除法是乘法的逆运算。
duì shù zài wǒ men de shēng huó zhōng yìng yòng guǎng fàn
对数在我们的生活中应用广泛，
bǐ rú tā kě yǐ yòng lái jì suàn dì zhèn de lǐ shì zhèn jí
比如它可以用来计算地震的里氏震级。
jí dì zhèn yī bān zhǐ huì duì jiàn zhù wù zào chéng qīng dù
5级地震一般只会对建筑物造成轻度
sǔn huài jí dì zhèn què chángcháng zào chéng huǐ miè xìng pò huài
损坏，8级地震却常常造成毁灭性破坏。

$$\log_a(u \cdot v) = \log_a u + \log_a v$$

$$\log_a \frac{u}{v} = \log_a u - \log_a v$$

$$\log_a u^r = r \cdot \log_a u$$

$$\log_a \sqrt[n]{u} = \frac{1}{n} \log_a u$$

2008年5月12日，中国四川省汶川县发生的大地震就是8级地震。根据中国地震局的数据，此次地震的面波震级达8.0级，矩震级为8.3级，地震烈度达到11度。地震破坏地区超过10万平方千米。5级地震与8级地震，看起来只相差三级，两者的破坏力差别巨大，这是为什么呢？原因在于，衡量地震强度大小的里氏震级与地震释放能量的关系是对数关系，即震级每上升1级，地震释放的能量会增加30多倍。

对数在生活中的应用不止于此，涉及人口增长率、生物的繁殖率、银行的利息率等方面的计算时，都要应用到对数。

探索小知识

1590年，约翰·纳皮尔开始研究对数，并于1614年和1619年分别出版了《奇妙的对数定理说明书》和《奇妙对数定律的构造》。

为什么会存在"0"这个数字？

印度教寺庙中发现的数字"0"

"0"是极为重要的数字，0的发现被称为人类伟大的发现之一。古埃及人早在公元前1740年左右，就用"0"的符号来表示一个高大的石碑以及金字塔向上或向下计量长度的起点。在一个印度教寺庙里，人们发现了很多刻于铜板上的文献，其中大量出现用小圈表示的"0"，这也是人类最早关于数字"0"的记载。

现在，0已经是含义最丰富的数字符号，既可以表示有，也可以表示没有。比如气温0℃，并不是说没有温度，而是冰点温度。

探索小知识

在十进位制的十个数字中，0是出现和使用得最晚的。当0这个符号在中世纪末期传到欧洲时，还曾被认为是不好的象征而被加以禁止。

在数学上，运算是一种行为，是根据数学法则求算式结果的过程。我们将在探索运算规律的过程中，进行简单的思考和归纳，了解运算的规律与奇妙之处。

奇妙的运算

QIMIAO DE YUNSUAN

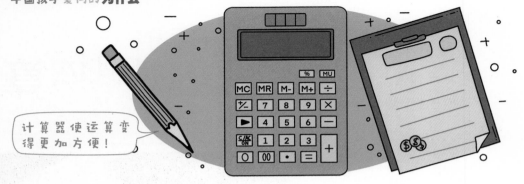

计算器使运算变得更加方便！

运算方法是怎么出现的？

古时候，人们经常会碰到很多数字，当数字越来越大的时候，如果一个一个数下去，非常不方便，于是加法就出现了。比如，一个人昨天种了4棵树，今天上午种了3棵树，下午又种了2棵树，想要算一算这个人两天一共种了多少棵树，用加法进行计算比一棵树

yī kē shù de shǔ yào jiǎn dān duō le
一棵树地数要简单多了。

hòu lái jiǎn fǎ chéng fǎ chú fǎ děng
后来，减法、乘法、除法等

yùn suàn yě yìng yùn ér shēng qiú liǎng gè shù de
运算也应运而生。求两个数的

chā de yùn suàn yòng jiǎn fǎ jiǎn fǎ gè bù fen de
差的运算用减法，减法各部分的

míng chēng fēn bié shì jiǎn shù bèi jiǎn shù hé chā
名称分别是减数、被减数和差；

qiú liǎng gè shù de jī de yùn suàn yòng chéng fǎ chéng fǎ gè bù fen de míng chēng fēn bié shì chéng
求两个数的积的运算用乘法，乘法各部分的名称分别是乘

shù chéng shù hé jī qiú liǎng gè shù de shāng de yùn suàn yòng chú fǎ chú fǎ gè bù fen de
数、乘数和积；求两个数的商的运算用除法，除法各部分的

míng chēng fēn bié shì chú shù bèi chú shù hé shāng jiǎn fǎ shì jiā fǎ de nì yùn suàn chú fǎ
名称分别是除数、被除数和商。减法是加法的逆运算，除法

shì chéng fǎ de nì yùn suàn
是乘法的逆运算。

suí zhe xué xí de bù duàn shēn rù chú le shàng shù
随着学习的不断深入，除了上述

sì zhǒng cháng jiàn de yùn suàn wǒ men hái huì xué dào dài shù
四种常见的运算，我们还会学到代数

yùn suàn kāi fāng yùn suàn jī fēn yùn suàn děng
运算、开方运算、积分运算等。

探索小知识

数的运算有5条基本运算律：加法结合律、加法交换律、乘法结合律、乘法交换律和乘法分配律。

你会打算盘吗？

珠算可是一种巧妙的计算方式。

gǔ shí hou de rén shì zěn me zuò suàn shù de
古时候的人是怎么做算术的？

gǔ shí hou rén men jì méi yǒu jì suàn qì yě méi yǒu diàn nǎo nà tā men yòng shén
古时候，人们既没有计算器，也没有电脑，那他们用什
me fāng fǎ zuò suàn shù ne
么方法做算术呢？

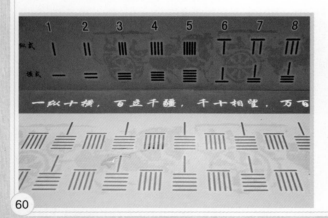

cóng rén lèi shè huì kāi shǐ xíng chéng de
从人类社会开始形成的
shí hou qǐ rén men jiù bù kě bì miǎn de yào
时候起，人们就不可避免地要
hé shù zì dǎ jiāo dao suí zhe shòu liè shuǐ
和数字打交道。随着狩猎水
píng de tí gāo jiē chù de shù zì yě duō le
平的提高，接触的数字也多了
qǐ lái rén men jiù yòng yī gēn shǒu zhǐ dài biǎo
起来，人们就用一根手指代表

一，五根手指代表五，用手指可以进行一些简单的加减法运算。随着生产力的发展，到春秋战国时期，人们就开始用竹子削成的细棍子排列做算术，这种方法叫"筹算"。进行筹算就得随身带一些竹棍子，这种方法非常不方便。为了便于计算，中国古代劳动人民又发明了算盘和珠算。珠算是由筹算演变而来的，算筹中，上面一根筹当五，下面一根筹当一；算盘中，上面一珠也是当五，下面一珠也是当一。算盘体现了中国古代劳动人民的非凡智慧。2013年12月4日，联合国教科文组织正式将中国珠算列入人类非物质文化遗产名录。

探索小知识

刘洪是我国古代杰出的天文学家和数学家，还是珠算的发明者，被后世尊为"算圣"。

符号"+""−""×""÷""="是怎么来的？

"+""−""×""÷""="这五个符号，大家都知道它们的用法和意义，可你知道它们是怎么来的吗？

据说，中世纪后期，欧洲商业逐渐发达，一些商人常在装货的箱子上画个"+"，表示重量略微超过一些；画个"−"，表示重量略微不足。到了公元1489年，德国数学家魏德曼在他的一本著作中正式

探索小知识

德国数学家莱布尼茨认为"×"号容易与表示未知数的x混淆，"÷"号中间的一横也没必要，建议用"·"与":"来替代"×"与"÷"。

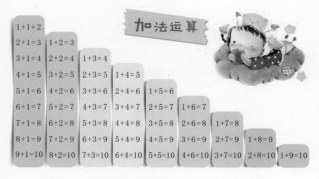

加法运算

用这两个符号来表示加减运算。后来经过法国数学家韦达的大力宣传，这两个符号才开始在全世界普及。

"×"号与"÷"号的出现要稍晚一些。英国数学家奥特雷德于1631年首次在他的著作中用"×"号来表示乘法；"÷"号最早出现在瑞士数学家雷恩于1659年出版的一本代数书中。

最早的"="号出现在英国数学家雷科德的名著《砺智石》中。他之所以选择两条等长的平行线作为等号，是因为它们再相等不过了。但是"="号的使用直到18世纪才在全世界普及。

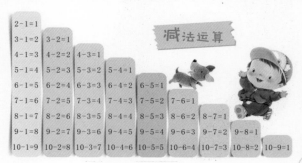

减法运算

计算是有规律的。

$$1+100=101$$
$$2+99=101$$
$$3+98=101$$
$$\cdots\cdots$$

你能找出它的规律吗？

$$=5050$$

高斯是怎样快速计算出

"1+2……+100=5050" 的？

德国数学家高斯在很小的时候，就表现出非凡的数学才能。据说10岁那年，在一次算术课上，老师出了一道题："1+2+……+100 等于多少？"老师刚把题目说完，高斯便举手发言，说这100个数的和是5050。

老师很惊讶，问高斯是怎样在这么短的时间内准确地算出这个结果的。原来，高斯仔细观察了这组数据，发现从1到100这100个数中有一个规律：按次序把头尾两个数相加，和都是101，如1+100=101、2+99=101、50+51=101。这100个数共凑成50对101，即50×101=5050，这样就可以很快算出这100个数的和了。

后来，高斯专门学习数学，青年时就成为著名的数学家，并享有"数学之王"的美誉。他还对古代语言、天文、物理都有钻研，一生有一百多项成果遍布各大科学领域。因此，他也是一位了不起的天文学家和物理学家。

1+2+……+100=？

探索小知识

高斯的这种算法是一种简便运算，这类等差数列求和的题目还可以用求和公式计算：和＝（首项＋尾项）×项数÷2。

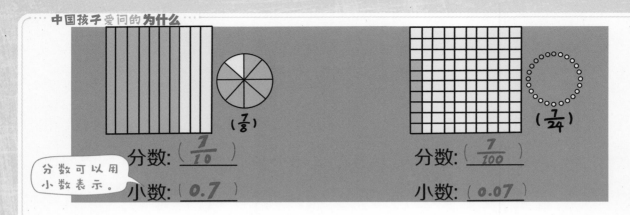

分数: ($\frac{7}{10}$)

小数: (0.7)

分数: ($\frac{7}{100}$)

小数: (0.07)

分数可以用小数表示。

($\frac{7}{8}$)

($\frac{7}{24}$)

$\frac{1}{10}$ 可以用其他方法表示吗？

一般情况下，分数和小数是可以互相转化的，比如把1平均分成10份，其中的一份就是 $\frac{1}{10}$ 。这一份除了用分数来表示，还可以用小数0.1来表示，因为它们所表示的数值是完全一样的。换句话说，只要分母是10的分数，都可以简单地用一位小数表示出来，例如 $\frac{7}{10}$ =0.7。分母是100的分数可以写成两位小数，分母是1000的分数可以写成三位小数……

chú le fēn mǔ shì
除了分母是10、100、1000……的分数可以写成小数，其

tā fēn shù yě kě yǐ xiě chéng xiǎo shù   zhǐ yào jiāng fēn zǐ chú yǐ fēn mǔ jiù kě yǐ le
他分数也可以写成小数，只要将分子除以分母就可以了。

lì rú
例如 $\frac{1}{8}$=1÷8=0.125。

bù guò   suǒ yǒu de fēn shù dōu kě yǐ biǎo shì chéng xiǎo shù   dàn bìng bù shì suǒ yǒu de
不过，所有的分数都可以表示成小数，但并不是所有的

xiǎo shù dōu kě yǐ biǎo shì chéng fēn shù   bǐ rú wǒ men shēng huó zhōng jiàn de bǐ jiào duō de wú
小数都可以表示成分数，比如我们生活中见得比较多的无

lǐ shù   tā jiù wú fǎ biǎo shì chéng fēn shù
理数π，它就无法表示成分数。

探索小知识

分数中间的一条横线叫作分数线，分数线上面的数叫作分子，分数线下面的数叫作分母。分数除了可以化为小数，还可以化为比。

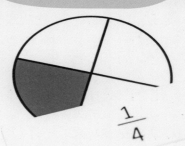

$\frac{1}{2}$

$\frac{1}{3}$

$\frac{1}{4}$

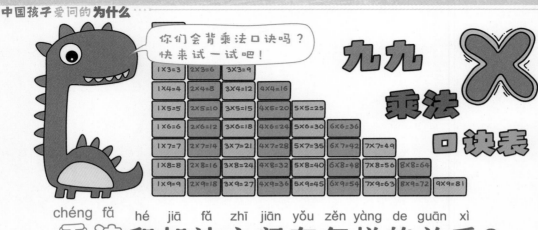

你们会背乘法口诀吗？快来试一试吧！

九九乘法口诀表

1×3=3	2×3=6	3×3=9						
1×4=4	2×4=8	3×4=12	4×4=16					
1×5=5	2×5=10	3×5=15	4×5=20	5×5=25				
1×6=6	2×6=12	3×6=18	4×6=24	5×6=30	6×6=36			
1×7=7	2×7=14	3×7=21	4×7=28	5×7=35	6×7=42	7×7=49		
1×8=8	2×8=16	3×8=24	4×8=32	5×8=40	6×8=48	7×8=56	8×8=64	
1×9=9	2×9=18	3×9=27	4×9=36	5×9=45	6×9=54	7×9=63	8×9=72	9×9=81

乘法和加法之间有怎样的关系？

如果你每天节约5元钱，一个星期一共能节约多少钱？如果你还不会用乘法，那就只能用"5+5+5+5+5+5+5"这样的算式将5连加7次。如果你已经学过乘法，就可以很简单地用乘法口诀"五七三十五"算出答案了。

人们根据生活经验总结出，只要是求几个相同加数的和，就可以用乘法计算，因此，乘法和加法算是亲戚了。不过，加法和乘法不同的是：加法算式中的每个数都叫"加

shù　　　chéng fǎ suàn shì zhōng de měi gè shù dōu jiào

数"，乘法算式中的每个数都叫

chéng shù　　jiā fǎ dé dào de jié guǒ chēng wéi

"乘数"；加法得到的结果称为

hé　chéng fǎ dé dào de jié guǒ chēng wéi　　jī

"和"，乘法得到的结果称为"积"。

wèi le shǐ chéng fǎ jì suàn gèng jiā fāng biàn

为了使乘法计算更加方便，

wǒ guó gǔ dài láo dòng rén mín chuàng zào chū le　　chéng

我国古代劳动人民创造出了"乘

fǎ kǒu jué　　yòu cháng chēng wéi　　jiǔ jiǔ gē

法口诀"，又常称为"九九歌"。

zǎo zài chūn qiū zhàn guó shí dài　　jiǔ jiǔ gē jiù

早在春秋战国时代，"九九歌"就

yǐ jīng bèi rén men guǎng fàn shǐ yòng　　xiàn zài wǒ

已经被人们广泛使用。现在我

guó shǐ yòng de chéng fǎ kǒu jué gòng　　jù　cóng

国使用的乘法口诀共81句，从

yī yī dé yī　dào　　jiǔ jiǔ bā shí yī　　tōng cháng chēng wéi　dà jiǔ jiǔ　　kě yǐ zhí

"一一得一"到"九九八十一"，通常称为"大九九"，可以直

jiē dé chū quán bù liǎng gè　yī　wèi shù xiāng chéng de chéng jī

接得出全部两个一位数相乘的乘积。

1
1 × 1 = 1
1 × 2 = 2
1 × 3 = 3
1 × 4 = 4
1 × 5 = 5
1 × 6 = 6
1 × 7 = 7
1 × 8 = 8
1 × 9 = 9

2
2 × 2 = 4
2 × 3 = 6
2 × 4 = 8
2 × 5 = 10
2 × 6 = 12
2 × 7 = 14
2 × 8 = 16
2 × 9 = 18

3
3 × 2 = 6
3 × 3 = 9
3 × 4 = 12
3 × 5 = 15
3 × 6 = 18
3 × 7 = 21
3 × 8 = 24
3 × 9 = 27

4
4 × 2 = 8
4 × 3 = 12
4 × 4 = 16
4 × 5 = 20
4 × 6 = 24
4 × 7 = 28
4 × 8 = 32
4 × 9 = 36

5
5 × 2 = 10
5 × 3 = 15
5 × 4 = 20
5 × 5 = 25
5 × 6 = 30
5 × 7 = 35
5 × 8 = 40
5 × 9 = 45

6
6 × 2 = 12
6 × 3 = 18
6 × 4 = 24
6 × 5 = 30
6 × 6 = 36
6 × 7 = 42
6 × 8 = 48
6 × 9 = 54

7
7 × 2 = 14
7 × 3 = 21
7 × 4 = 28
7 × 5 = 35
7 × 6 = 42
7 × 7 = 49
7 × 8 = 56
7 × 9 = 63

8
8 × 2 = 16
8 × 3 = 24
8 × 4 = 32
8 × 5 = 40
8 × 6 = 48
8 × 7 = 56
8 × 8 = 64
8 × 9 = 72

9
9 × 2 = 18
9 × 3 = 27
9 × 4 = 36
9 × 5 = 45
9 × 6 = 54
9 × 7 = 63
9 × 8 = 72
9 × 9 = 81

探索小知识

　　"九九歌"最初的顺序是从"九九八十一"开始，因此取名"九九歌"，大约到公元 14 世纪，才变为现在的顺序。

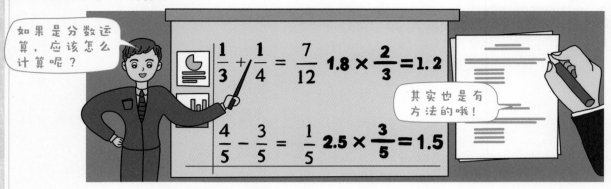

如果是分数运算，应该怎么计算呢？

$$\frac{1}{3} + \frac{1}{4} = \frac{7}{12}$$ $$1.8 \times \frac{2}{3} = 1.2$$

其实也是有方法的哦！

$$\frac{4}{5} - \frac{3}{5} = \frac{1}{5}$$ $$2.5 \times \frac{3}{5} = 1.5$$

fēn shù hé ^{fēn shù} kě yǐ jìn xíng yùn suàn ma

分数和**分数**可以进行运算吗？

分数和整数一样，它们之间同样可以进行加、减、乘、除等各项运算。

$$\frac{3}{8} + \frac{6}{4}$$

当两个分数进行加减时，如果它们的分母相同，则分母不变，将它们的分子相加减，能约分的要约分，也就是将分数化为最简分数；如果两个分数的分母不同，要把原来不同的分母变成相同的，这个过程叫"通分"。通分成相同的分母后，分子相加减，分母不变，能约分的要约分。

当两个分数相乘时，可以用它们的分子乘分子，分母乘分母，得到的结果就是两个分数的积，能约分的要约分。

当两个分数相除时，就需要利用"倒数"的知识，用被除数乘除数的倒数，乘积还要进行化简。

分数和整数一样，也可以应用加法交换律、结合律，乘法交换律、结合律和分配律进行简便计算。

探索 小知识

分数与自然数一样拥有悠久的历史。早在人类文化发展的初期，由于进行测量和均分的需要，人们发明并使用了分数。

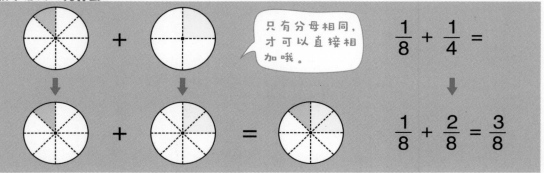

只有分母相同，才可以直接相加哦。

$$\frac{1}{8} + \frac{1}{4} =$$

$$\frac{1}{8} + \frac{2}{8} = \frac{3}{8}$$

wèi shén me fēn shù xiāng jiā yào xiān tōng fēn

为什么分数相加要先通分？

zài fēn shù de chéng fǎ yùn suàn zhōng liǎng gè fēn shù xiāng chéng kě yǐ jiāng qí fēn zǐ fēn
在分数的乘法运算中，两个分数相乘可以将其分子、分

mǔ fēn bié xiāng chéng dàn zài jiā fǎ yùn suàn zhōng bù néng jiāng liǎng gè fēn shù de fēn zǐ fēn
母分别相乘。但在加法运算中，不能将两个分数的分子、分

mǔ fēn bié xiāng jiā ér yīng xiān tōng fēn shǐ liǎng gè fēn shù de fēn mǔ xiāng tóng rán hòu bǎo
母分别相加，而应先通分，使两个分数的分母相同，然后保

chí fēn mǔ bù biàn jiāng fēn zǐ xiāng jiā zhè shì wèi shén me ne
持分母不变，将分子相加。这是为什么呢？

rú guǒ bǎ yī gè xī guā píng jūn fēn chéng fèn qǔ qí zhōng de fèn jiù shì zhè
如果把一个西瓜平均分成6份，取其中的5份，就是这

ge xī guā de bǎ yī gè xī guā píng jūn fēn chéng fèn qǔ qí zhōng de fèn jiù
个西瓜的 $\frac{5}{6}$；把一个西瓜平均分成12份，取其中的1份，就

是这个西瓜的 $\frac{1}{12}$。求 $\frac{5}{6}+\frac{1}{12}$ 的结果，这时不能对两个分数进行简单相加，因为第一个分数表示把一个西瓜平均分成 6 份，第二个分数表示把一个西瓜平均分成 12 份，份数不一样，每一份对应的西瓜大小就不一样。我们可以将第一个西瓜转换为平均分成 12 份，取出 10 份的情形，这样就写成

$$\frac{5}{6}+\frac{1}{12}=\frac{10}{12}+\frac{1}{12}=\frac{11}{12}。$$

异分母分数相加，因分数单位不一样，不能直接进行加减，需要找出两个分母的最小公倍数，再利用分数的基本性质，将它们转化为同分母分数进行加减。

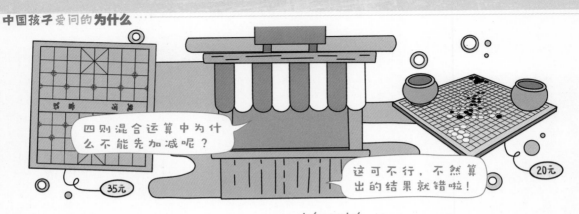

四则混合运算中为什么不能先加减呢？

这可不行，不然算出的结果就错啦！

35元

20元

wèi shén me yào guī dìng xiān chéng chú hòu jiā jiǎn

为什么要规定先乘除后加减？

dà jiā dōu zhī dào zài jì yǒu jiā jiǎn yòu yǒu chéng chú de sì zé hùn hé yùn suàn zhōng

大家都知道，在既有加减又有乘除的四则混合运算中，

yào àn zhào xiān chéng chú hòu jiā jiǎn de guī zé qù yùn suàn nà me wèi shén me yào zūn

要按照"先乘除后加减"的规则去运算。那么，为什么要遵

xún zhè yàng de guī zé ne

循这样的规则呢？

hé zhǐ yǒu jiā jiǎn huò zhǐ yǒu chéng chú de yùn suàn bù tóng zài sì zé hùn hé yùn suàn

和只有加减或只有乘除的运算不同，在四则混合运算

zhōng yùn suàn de jié guǒ hé yùn suàn de shùn xù yǒu guān lì rú wáng lǎo shī gòu mǎi le

中，运算的结果和运算的顺序有关。例如，王老师购买了3

fù wéi qí hé fù xiàng qí měi fù wéi qí yuán měi fù xiàng qí yuán yī gòng yòng

副围棋和2副象棋，每副围棋20元，每副象棋35元，一共用

le duō shao yuán wǒ men kě yǐ liè chū suàn shì zài jì suàn shí xiān

了多少元？我们可以列出算式：3×20+2×35。在计算时，先

算出3副围棋的总价，再算出2副象棋的总价，把它们的总价加在一起就是一共用去的费用，即130元。如果不按这个规则运算，而是从左到右，先算乘法，再算加法，最后算乘法，结果就变成2170元。因此，必须规定运算次序，运算结果才能准确。

数的运算分为三级：加、减法是一级运算；乘、除法是二级运算；乘方和开方是三级运算。运算顺序是级别高的先运算，即要按照先乘方、开方，其次乘除，再次加减的顺序进行运算。

探索小知识

在四则混合运算中，同一级运算时，从左到右依次计算；两级运算时，先算乘除，后算加减；有括号时，先算括号里面的，再算括号外面的。

$$\frac{1}{10} \times \frac{27}{100} \times \frac{4}{1000} = \frac{108}{1000000}$$

$$0.1 \times 0.27 \times 0.004 = 0.000108$$

小数的运算法则可真复杂!

为什么 小数相加 时要对齐小数点而 小数相乘时不用?

wèi shén me xiǎo shù xiāng jiā shí yào duì qí xiǎo shù diǎn ér

xiǎo shù xiāngchéng shí bù yòng

我们知道整数相加时各数位需要对齐,比如个位对个位,十位对十位,百位对百位……如果把个位上的数和十位上的数乱加一通,就会出现计算错误。

小数由整数部分、小数部分和小数点组成,在进行小数加法运算时,必须以小

$$\begin{array}{r} 5\ 5 \\ +\ 1\ 3 \\ \hline 6\ 8 \end{array}$$

数点为分水岭，将整数部分和小数部分的数位分别对齐后才能从低位开始计算。

然而，在小数相乘时，小数点是不需要对齐的。其实，小数不过是以10、100、1000……为分母的分数而已。分母不同的分数照样可以相乘。比如：$\dfrac{1}{10} \times \dfrac{27}{100} \times \dfrac{4}{1000} = \dfrac{108}{1000000}$，即0.1 × 0.27 × 0.004=0.000108。另外，我们还可以把小数乘法转化为整数乘法算出积，看因数中共有几位小数，就从积的右边起数出几位并点上小数点，积的小数位数不够时，需要添0补位，末尾有0的要把0去掉。这种方法同样不需要对齐小数点。

探索小知识

我国古代科学家很早就发现并使用了小数，他们还对小数点后的各数位定下了名称，如分、厘、毫、丝、忽等。

圆周率

你知道π的值是多少吗？

它是无理数，至今人们已算出小数点后几十万亿位了。

为什么将π的计算 称为"马拉松计算"？

中国人民邮政 8分

祖冲之(公元429-500)数学家，精确算出圆周率值3.14159265。

J.33.4-2 (126)1855

圆的周长与直径之比叫作圆周率，圆周率是一个无理数，用希腊字母π表示。

人类从公元前2世纪开始就尝试计算它的值。公元480年，南北朝时期的数学家祖冲之计算出π的值在3.1415926和3.1415927之间，精确到了7位小数，创造了圆周率计算的世界纪录。德国的数学

家鲁道夫几乎耗尽了一生的时间，于 1610 年将 π 的值估算到小数点后 35 位。德国人因此将圆周率称为"鲁道夫数"。后来，英国的数学家威廉·尚克斯耗尽了 15 年的光阴，在 1874 年将 π 的值推算到小数点后 707 位，他的墓碑上还刻着这一成就以示纪念，但他的计算结果被后人证明并不完全正确。

在电子计算机出现后，人们开始利用它计算圆周率 π 的值，目前已将 π 的数值精确到小数点后的几十万亿位，但它仍然只是一个近似值。因此，人们将 π 值的计算称为科学史上的"马拉松计算"。

探索小知识

2011 年，国际数学协会正式宣布，将每年的 3 月 14 日设为国际数学节。这一日期的来源则是中国古代数学家祖冲之计算的圆周率。

怎样才能不重复地一次走完这座桥，并回到出发点呢？

为什么说"七桥问题"

kāi chuàng le　yī　gè　xīn de　shù xué lǐng yù
开创了一个新的数学领域？

shì　jì chū　　dōng pǔ lǔ shì de gǔ chéng gē ní sī bǎo yǒu yī tiáo bù lè ěr hé
18世纪初，东普鲁士的古城哥尼斯堡有一条布勒尔河，

tā yǒu liǎng tiáo zhī liú　zài chéngzhōng xīn huì chéng dà hé　　hé zhōng jiān yǒu yī gè dǎo　yǒu
它有两条支流，在城中心汇成大河。河中间有一个岛，有7

zuò qiáo jiāng xiǎo dǎo yǔ hé àn lián jiē
座桥将小岛与河岸连接

qǐ lái　　yǒu rén tí chū yī gè yǒu
起来。有人提出一个有

qù de wèn tí zěn yàng cái néng bù chóng
趣的问题：怎样才能不重

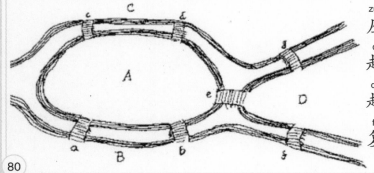

fù de zǒu biàn　　zuò qiáo　huí dào yuán
复地走遍7座桥，回到原

出发地呢？这就是历史上著名的"七桥问题"。

瑞士数学家莱昂哈德·欧拉把它转化成一个几何问题——

一笔画问题：能否不重复地一笔画完整个图形。后来，欧拉发现了解决"一笔画问题"的充分必要条件：奇点（从这一点发出的线段条数为奇数条）的数目不是0个就是2个。欧拉不仅解决了"七桥问题"，还为数学研究开创了一个新的领域——图论。图论方法在众多自然科学和社会科学领域中都有应用。

探索小知识

1736 年，欧拉发表了一篇关于"七桥问题"的论文，给出了关于"一笔画问题"的 3 条结论。这一年也被认为是图论的诞生年。

神奇的数学

81

$$(-5) \times (-2) = 10$$

计算两个负数相乘时，一定要注意"负负得正"的规定哟！

为什么在乘法运算法则中规定"负负得正"？

在乘法运算法则中有四条规定——正负得负、负正得负、正正得正、负负得正。其中的前三条都比较容易解释和接受，但第四条"负负得正"是怎么回事呢？

这先要明确负数的意义。负数最早出现在我国古代算术名著《九章算术》的《方程》章中。书中提到，余钱数为正，而不足钱数为负；卖掉的牛数为正，而买入的牛数为负。也

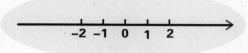

jiù shì shuō zhèng shù hé fù shù dōu shì jù yǒu shí jì
就是说，正数和负数都是具有实际

yì yì de liàng ér qiě fù shù hé zhèng shù de yì yì
意义的量，而且负数和正数的意义

zhèng hǎo xiāng fǎn hòu lái zài yǐn rù shù zhóu hòu
正好相反。后来，在引入数轴后，

rén men hái guī dìng wèi yú yuán diǎn yòu cè de shù wéi
人们还规定位于原点右侧的数为

zhèng shù wèi yú yuán diǎn zuǒ cè de shù wéi fù shù
正数，位于原点左侧的数为负数。

cóng shēng huó shí lì lái kàn rú guǒ xiǎo míng měi
从生活实例来看，如果小明每

cì zhī chū yuán gòng zhī chū cì nà me qián shù
次支出5元，共支出4次，那么钱数

jiù jiǎn shǎo yuán yě jiù shì dàn rú guǒ xiǎo míng
就减少5×4=20（元），也就是（－5）×4=－20；但如果小明

shǎo zhī chū liǎng cì zhī chū cì nà me qián shù jiù zēng jiā yuán
少支出两次（支出－2次），那么钱数就增加5×2=10（元），

yě jiù shì
也就是（－5）×（－2）=10。

cóng luó jí xué de jiǎo dù lái kàn zhèng shù chéng yī
从逻辑学的角度来看，正数乘一

gè fù shù děng yú xiāng fǎn děng yú fǒu dìng fù fù děng
个负数，等于相反，等于否定；负负，等

yú fǒu dìng zhī fǒu dìng ér fǒu dìng zhī fǒu dìng děng yú kěn
于否定之否定；而否定之否定等于肯

dìng zhè yě jiù shuō míng le fù fù dé zhèng de dào lǐ
定，这也就说明了"负负得正"的道理。

《九章算术》的《方
程》章中给出了绝对值的
概念和正负数加减法的
运算法则，称为正负术。

乔治·布尔

1+1 不是等于 2 吗？

那是普通计算，而在代数逻辑中，1+1 是等于 1 的！

0+0=0　　0+1=1　　1+0=1　　1+1=1

A＼B	0	1
0	0	1
1	1	1

1+1=1 吗^{ma}？

我们刚上学时，老师就教过一个基本的数学知识，即 1+1=2。但在二进制的计数法中，1+1=10，因为在二进制里，根本没有 2 这个数字。有时 1+1=1 这个等式也是成立的，这是什么道理呢？其实这是逻辑代数中的加法。

逻辑代数，也叫作开关代数，是分析和设计逻辑电路的数学基础，由英国数学家乔治·布尔创立。逻辑代数中的变量称为逻辑变量，逻辑变量的取值只有两种，即逻辑 0 和逻辑1，0和1称为逻辑常量，并不表示数量的大小，而是表示两种对立的逻辑状态。

比如在一个电路中有2个并联开关，任意打开其中一个开关，灯泡都会亮。如果把2个开关都打开，两条电路都接通了，那就应该是1+1了。但灯泡只能发出同样的亮光，因此还是1。所以用数学算式来表示，就是1+1=1。这就叫逻辑代数中的加法。

探索小知识

在逻辑代数中，只有0和1两种逻辑值，有与、或、非三种基本逻辑运算。在逻辑代数诞生100多年后，人们才发现它的价值。

$3 \times 3 =$ $7 \times 2 =$ $11 - 2 =$

zěn yàng kuài sù pàn duàn yī gè zì rán shù
怎样快速判断一个自然数
néng fǒu bèi huò zhěng chú
能否被3、9或11整除？

```
  4 2 1
3)1263
  1263
  ────
     0
```

看一个自然数能否被3或9整除，我们可以看它的十进制各个数位相加之和能否被3或9整除。比如1263，它各个数位相加的和为1+2+6+3=12,12能被3整除,因此1263也能被3整除。

从右往左数,如果一个自然数的奇位数字之和与偶位数字之和的差能被11整除,那这个自然数就能被11整除。比如491678,奇位数字的和为8+6+9=23,偶位数字的和为7+1+4=12,它们的差为23-12=11,因此491678能被11整除。

探索小知识

判断一个数能否被3、9或11整除,最直截了当的方法是在计算器上试算一下,这样就知道结果了。

看似抽象的几何图形，其实在生活中无处不在，比如六边形的蜂窝、球形的气泡、三角形的风筝等。我们将用一个个生动有趣的例子，带大家走进多样的几何世界。

多样的几何

DUOYANG DE JIHE

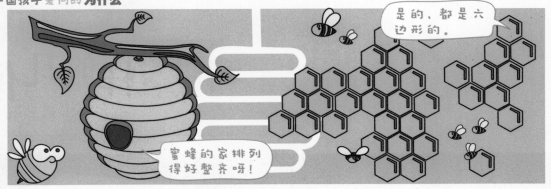

是的，都是六边形的。

蜜蜂的家排列得好整齐呀！

wèi shén me fēng wō dōu shì liù biān xíng de
为什么蜂窝都是六边形的？

如果仔细观察蜂窝，你一定会由衷地惊叹，因为它的结构真是大自然创造的奇迹。

蜂窝是由许多大小相同的"房间"组成的，从正面看过去，这些"房间"是六边形，而且排列得很整齐；从侧面看，它由许多正六棱柱紧密地排列在一起。每个六棱柱的底既不是平的，也不

是圆的，而是由三个完全相同的菱形组成的尖底。

经过实验证明，当圆筒形的物体前后左右都受到挤压时，其截面就会变成六边形。从力学角度看，六边形是非常稳定的。而且多个正六边形紧密排列在一起，中间不留空隙，可以最大限度地利用空间和材料。因此，这种结构的蜂房既安全舒适、紧密牢固，又很通风。

现在，蜂窝的结构原理已被应用于建筑、航空航天等领域，如隔音隔热的"蜂窝式夹层"建筑、航空发动机进气孔的设计等。

探索小知识

工蜂是蜂群中的"勤劳兵"。它们把分泌出的蜂蜡细细地咀嚼，并与树胶和腺体分泌物揉拌在一起，就能建出结构独特的蜂窝了。

神奇的数学

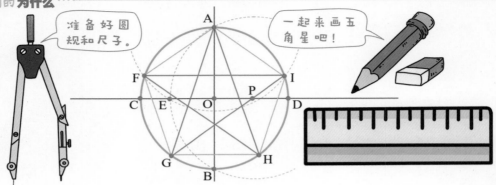

准备好圆规和尺子。

一起来画五角星吧！

怎样用尺规画出五角星？

chǐ guī zuò tú shì zhǐ yòng méi yǒu kè dù de zhí chǐ hé yuán guī zuò tú nà nǐ zhī
尺规作图是指用没有刻度的直尺和圆规作图。那你知

dào zěn me yòng chǐ guī huà chū dà jiā shú xi ér xǐ ài de wǔ jiǎo xīng ma
道怎么用尺规画出大家熟悉而喜爱的五角星吗？

bù zhòu rú xià
步骤如下：

dì yī bù yòng yuán guī huà yī gè yuán zuò chū liǎng
第一步，用圆规画一个圆，作出两

tiáo hù xiāng chuí zhí de zhí jìng yǔ
条互相垂直的直径AB与CD；

dì èr bù shè yuán xīn wéi diǎn zhǎo chū
第二步，设圆心为O点，找出OD

de zhōng diǎn
的中点P；

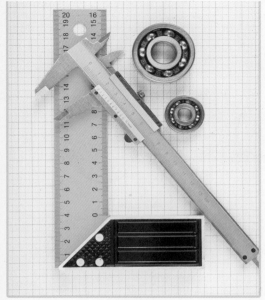

第三步，以P为圆心，PA为半径画圆弧，它与半径OC交于E点；

第四步，以A为圆心，AE为半径，在圆周上连续截取相等的弧长，分别记作F、G、H、I点，使弧AF=FG=GH=HI=IA。

第五步，连接AH，AG，IF，IG，FH。

这样，五角星就画好了。

你学会画五角星了吗？快拿出直尺和圆规来试着画一个吧！

最早提出几何作图要有尺规限制的是古希腊哲学家安纳萨哥拉斯。

我可以吹出又大又圆的泡泡!

chuī chū de qì pào wèi shén me dà duō shì qiú xíng de
吹出的气泡为什么大多是球形的?

xiǎo péng yǒu ná zhe yī gè fāng xíng de sù liào guǎn zhàn yī xià féi zào shuǐ hòu chuī qì
小朋友拿着一个方形的塑料管,蘸一下肥皂水后吹气

pào chuī chū de qì pào wèi shén me bù shì fāng xíng de ne wèi shén me bù guǎn yòng shén me
泡。吹出的气泡为什么不是方形的呢?为什么不管用什么

xíng zhuàng de gōng jù zuì hòu chuī chū de qì pào dà duō shì
形状的工具,最后吹出的气泡大多是

qiú xíng de ne
球形的呢?

qiú xíng shì zuì róng yì sù zào de yī zhǒng xíng zhuàng
球形是最容易塑造的一种形状。

shòu biǎo miàn zhāng lì de zuò yòng qì pào biǎo miàn de fēn zǐ
受表面张力的作用,气泡表面的分子

zǒng shì bǎ zì jǐ lā jǐn shǐ zì jǐ jǐn liàng chǔ yú yī
总是把自己拉紧,使自己尽量处于一

种最紧凑的状态——自然界里最紧凑的形状就是球形。再加上气泡中包含一定量的空气,其体积并不会随形状的改变而改变,而在同体积的几何体中,球形是表面积最小的一种形状。因此,球形也是使用能量最少的一种形状。

不过,若是气泡较大,周围液体存在压强差,这时候气泡的形状就会变为椭球形。

探索小知识

2017年,捷克一位名叫马泰·科德什的气泡表演艺术家用一个超大的泡泡罩住了275人和1辆汽车,成功打破了该项目的世界纪录。

金字塔是三角形的。

相机的支架也是三角形的。

为什么说三角形是最稳固的形状？

wèi shén me shuō sān jiǎo xíng shì zuì wěn gù de xíng zhuàng

sān jiǎo xíng bù jǐn shì shù xué li jiào cháng jiàn de xíng zhuàng
三角形不仅是数学里较常见的形状，

ér qiě shì zuì wěn gù de xíng zhuàng
而且是最稳固的形状。

sān jiǎo xíng shì yóu sān tiáo biān wéi chéng de tú xíng měi tiáo
三角形是由三条边围成的图形，每条

biān zhǐ duì zhe yī gè jiǎo bìng qiě biān de cháng dù jué dìng le jiǎo
边只对着一个角，并且边的长度决定了角

de dà xiǎo biān yǔ jiǎo zhī jiān de guān xì shì gù dìng de rèn
的大小，边与角之间的关系是固定的。任

hé duō yú sān tiáo biān de duō biān xíng yī tiáo biān duì yìng de jiǎo
何多于三条边的多边形，一条边对应的角

dōu yǒu liǎng gè jí yǐ shàng liǎng gè jí yǐ shàng de jiǎo yóu yī tiáo
都有两个及以上。两个及以上的角由一条

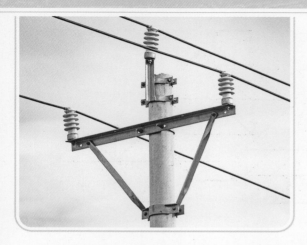

边决定，那么在这些角的大小总和不变的情况下，对应的边会有多种变形，这个多边形也就可以发生扭曲和变形，因此是不稳定的。而三角形的一条边一旦确定，其对应角的大小也就确定，不会改变。角度不变，三角形的形状也就不会改变，所以说三角形是最稳固的形状。

生活中应用三角形稳定性的例子非常多，例如空调外机通常用螺丝固定在两个三角形支架上，甚至连埃菲尔铁塔都是采用许多个三角形框架连接在一起的。

探索小知识

摄影师在户外拍照时，为了防止相机抖动影响拍摄效果，通常会将相机固定在三脚架上。但要是在平整的地面上，三脚架、四脚架都可以。

小图块能拼出大世界呢！

真有意思，你也来拼一拼。

为什么七巧板能拼出多种形状？

七巧板是中国古代劳动人民发明的一种传统智力玩具，由五个三角形（两个大三角形、两个小三角形、一个中等尺寸的三角形）、一个平行四边形和一个正方形组成。七

巧板不仅在我国有极高的知名度，在国际上也享有盛誉，外国人称它为"唐图"，意思是来自中国的拼图。

七巧板起源于宋代，最早称作"宴几"。宴几是指宴席用的矮脚桌。有趣的是，每张宴几都不是同一规格的，它们尺寸不同，分开来可以单独使用，但当客人多的时候，可对其进行各种组合，图形变化无穷，深受人们欢迎。到了宋朝时，宴几变为六张；后来又增加了一张几，成为七张。

七巧板就是从宴几演变而来的，可以用七块板拼出各种几何图形或形象，如三角形、多边形、人物、动物、桥，以及一些汉字、英文符号和数字，而且同样的图形可以用多种不同的方法来拼合。七巧板有助于开发孩子们的智力，培养孩子们的观察力、想象力、形状分析能力和逻辑思维能力。

探索小知识

七巧板的玩法有4种：
①依图成形；
②见影排形；
③自创图形；
④数学研究。

这些容器虽然形状不规则，但它们的底部都是圆形的！

wèi shén me dà duō shù róng qì dōu shì yuán zhù tǐ

为什么大多数容器都是 圆柱体？

zài rì cháng shēng huó zhōng rén men shǐ yòng de shuǐ bēi
在日常生活中，人们使用的水杯、

rè shuǐ píng děng yòng lái chéng yè tǐ de róng qì dà duō shì yuán
热水瓶等用来盛液体的容器大多是圆

zhù tǐ huò lèi sì yuán zhù tǐ ér bù shì zhèng fāng tǐ huò
柱体，或类似圆柱体，而不是正方体或

cháng fāng tǐ zhè shì shén me yuán yīn ne
长方体，这是什么原因呢？

zài róng jī xiāng děng de qíng kuàng xià yǔ cháng fāng tǐ
在容积相等的情况下，与长方体

huò zhèng fāng tǐ xiāng bǐ yuán zhù tǐ de biǎo miàn jī zuì xiǎo
或正方体相比，圆柱体的表面积最小。

yīn cǐ zài shēng chǎn yī jiàn róng qì shí zhì zuò chéng yuán zhù
因此，在生产一件容器时，制作成圆柱

tǐ de xíng zhuàng gèng néng jié shěng cái liào huàn
体 的 形 状 更 能 节 省 材 料。换

jù huà shuō rú guǒ yòng tóng yàng duō de cái liào
句 话 说，如 果 用 同 样 多 的 材 料，

zhì zuò chéng de yuán zhù tǐ róng qì yào bǐ fāng
制 作 成 的 圆 柱 体 容 器 要 比 方

tǐ róng qì de róng jī gèng dà yīn ér jiù néng
体 容 器 的 容 积 更 大，因 而 就 能

zhuāng gèng duō de yè tǐ lì rú zhèng fāng tǐ
装 更 多 的 液 体。例 如：正 方 体

de léng cháng shì fēn mǐ yuán zhù tǐ de bàn jìng shì
的 棱 长 是 2 分 米，圆 柱 体 的 半 径 是

fēn mǐ gāo shì fēn mǐ cǐ shí zhèng
1.129 分 米，高 是 2 分 米。此 时 正

fāng tǐ de róng jī shì lì fāng fēn mǐ yuán zhù tǐ
方 体 的 容 积 是 8 立 方 分 米，圆 柱 体

de róng jī yuē shì lì fāng fēn mǐ zhèng fāng tǐ de
的 容 积 约 是 8 立 方 分 米；正 方 体 的

探索小知识

在容积一定的条件下,球形容器的体积比圆柱体的更小,因此,做成球形容器更节约材料。但球形容器容易滚动,它的盖子也不容易做,所以不实用。

biǎo miàn jī shì píng fāng fēn mǐ ér yuán zhù tǐ de biǎo miàn jī yuē shì píng fāng fēn mǐ
表 面 积 是 24 平 方 分 米，而 圆 柱 体 的 表 面 积 约 是 22.2 平 方 分 米。

yuán zhù tǐ róng qì jì néng jié yuē cái liào yòu biàn yú shǐ yòng néng mǎn zú rén men de
圆 柱 体 容 器 既 能 节 约 材 料，又 便 于 使 用，能 满 足 人 们 的

shēng huó xū yào suǒ yǐ bèi guǎng fàn shǐ yòng
生 活 需 要，所 以 被 广 泛 使 用。

这里的窨井盖被挪开了。

路过的小朋友要小心哦！

yìn jǐng gài 窨井盖 wèi shén me shì yuán de 为什么是圆的？

zài dà jiē shang yìn jǐng gài suí chù kě jiàn qí zhōng yuán xíng de yìn jǐng gài zuì duō
在大街上，窨井盖随处可见，其中圆形的窨井盖最多。
yìn jǐng gài wèi shén me dà duō shì yuán xíng ér bù shì qí tā xíng zhuàng de ne
窨井盖为什么大多是圆形，而不是其他形状的呢？

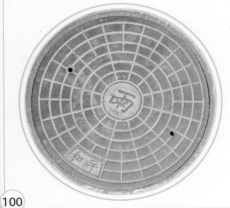

qí shí zhè shì yóu yuán de tè diǎn jué dìng de
其实，这是由圆的特点决定的：
yuán yǒu wú shù tiáo bàn jìng hé zhí jìng tóng yī gè yuán de
圆有无数条半径和直径，同一个圆的
suǒ yǒu de bàn jìng dōu xiāng děng suǒ yǒu de zhí jìng yě xiāng
所有的半径都相等，所有的直径也相
děng yìn jǐng gài de xíng zhuàng zuò chéng yuán xíng zhǐ xū yào
等。窨井盖的形状做成圆形，只需要
tā de zhí jìng dà yú jǐng de zhí jìng zhè yàng yī lái
它的直径大于井的直径，这样一来，

不管怎么旋转窨井盖，它都不会掉入井中。而如果做成其他形状，总有一条对角线是最长的，如长方形的对角线比各个边都长，这样长方形的窨井盖就有可能从对角线的位置掉下去。圆形窨井盖还具有受力均匀、不会轻易损坏、使用寿命长的特点，而且它在运输过程中可以滚动起来，便于搬运。

探索小知识

除了圆形窨井盖，常见的还有方形窨井盖。方形窨井盖方便开合，适用于阀门井和水表井这样需要经常打开的地方。

现在，人们还在窨井盖上画上了各种漂亮的图案，使之成为城市里独特的风景线。日本就有专门的窨井盖艺术馆，每年还会举办窨井盖艺术节。

看，好多六边形的小块儿。

它们可以使做出来的足球更圆哦！

如何才能做出最圆的足球？

体育比赛中有许多球类的运动项目，例如乒乓球、篮球、足球等。尽管人们造球的技术已经非常先进，但要制造出最圆的足球，还是有一定的难度。

在大多数情况下，制造球体的方式都是先在平面材料上裁剪出形状，然后通过制模或缝制的方式来完成工序。1930 年举办的第一届世界杯使用

的足球就是由12个长方形的材料分成6组缝制而成的，制造过程看上去就像是在组装一个立方体。2014年世界杯的官方用球"桑巴荣耀"由6块皮革拼接而成，堪称史上最圆足球。这种球的球速更快，运行轨迹更加清晰，理论上可以帮助运动员更好地控球、触球。即便是在下雨天，"桑巴荣耀"在运行速度和精准度上也毫不逊色。球体的摩擦颗粒也经过重新设计，从原点、菱形、条形变成方形，并呈波浪曲线排列，以达到增强摩擦系数的功能。

神奇的数学

103

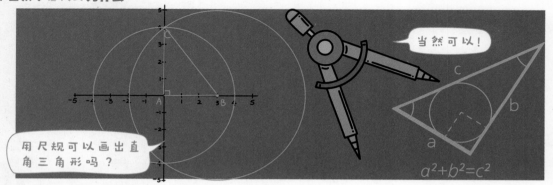

当然可以！

用尺规可以画出直角三角形吗？

$a^2+b^2=c^2$

怎样不用直角尺就能巧妙地画出直角？

一块长方形木板的上、下两条边完好如初，但另外两条对边参差不齐，如果要用锯子将它锯整齐，但手上没有直角尺，此时应该怎么办呢？

我们可以利用一把有刻度的直尺，在上面的边上量出相距30厘米的两点A、B；以A为圆心，40厘米为半径画圆；以B为圆心，50厘米为半径画圆。两个圆相交的点记作C，

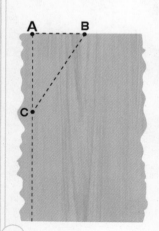

连接点A、B、C，则∠BAC=90°，沿AC锯下来，一条对边就修整齐了。这是利用了勾股定理里"勾三股四弦五"的道理。

若是连有刻度的直尺也没有，我们可以取一根笔直的木棒，用铅笔在木棒上点出M、N两点；

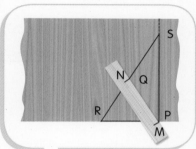

然后把木棒斜放在木板上，使M点靠近木板边缘，用铅笔按照M、N的位置在木板上记下两点P、Q；再把木棒换个方向，使N点不动，点M靠着木板的边，在其位置上记下点R；然后将RQ延长，在延长线上取线段QS=MN，连接PS，则∠RPS=90°。

用这个方法也可以画出直角，这样就能把木板的对边锯直了。

探索小知识

不用直角尺画直角的方法其实都运用了平面几何中的一个定理：直角三角形中斜边上的中线长度等于斜边长度的一半。

好呀，谁先来？

来玩掷骰子游戏吧，看谁掷的点数大！

最早的骰子有几个面？

我们在玩大富翁、双陆棋、蛇梯棋等许多游戏时，都要通过掷骰子来决定玩家移动的步数。骰子是中国传统的民间娱乐活动中用来投掷的工具，在北方的很多地区又叫色子。最常见的骰子有6个面，它是一个正立方体，6个面上分别有1~6个点，相对的两个面的点数之和是7。

据考古研究发现，最早的骰子使用者是古埃及人，他们用关节骨（一般是绵羊之类动物的踝骨）当作骰子，这些骨头会自然地用其4个面中的一面平稳着地。但古代的游戏玩家很快便意识到，由于骨头表面不均匀，有些面总会比另一些面更容易着地。于是，人们开始手工打磨这些骨头，尝试将它们打磨成不同的立体形状，使每个面着地的可能性都相同。

骰子作为一种赌输赢的游戏工具，在我国战国末期已较为流行。秦始皇陵中出土的骰子有14面和18面。后来，才有了现在常见的6个面的骰子。

探索小知识

骰子之所以是正方体而不是长方体，是因为正方体能保证投掷时每面出现的概率相同，而长方体投掷时侧面出现的概率较小。

wèi shén me fàng dà jìng bù néng bǎ jiǎo fàng dà
为什么放大镜不能把角放大？

在生活中，放大镜是一种"有魔力"的工具，它能帮助人们近距离观察事物。但是有一个东西，无论多高级的放大镜，都无法将其放大，这个东西就是"角"。

角由一个顶点和两条从这个顶点发出的射线组成，角的大小由这两条射线的相对位置，即二者张开的程度所决定。当放大镜照到角上时，角的两条射线被成倍地放大了，看上去变得又粗又长。但是由于它们各自的位置没有改变，张开的程度也没有改变，所以角的大小也和原来一样。因此，放大镜只能把物体的各部分成比例地放大，但不能改变物体各部分的相对位置，也就不能放大角。

在这样一个有"变"也有"不变"的过程中，其实蕴含着一个非常有趣的数学原理——相似变换。相似变换就是像放大镜一样把一个图形变成另一个图形（这里是放大了若干倍的图形）的过程。事实上，除了放大镜，生活中还有许多相似变换的应用，比如投影仪等。

探索小知识

放大镜是一种用来观察物体微小细节的简单光学器件，使用时将物体置于放大镜之下（焦距以内），就能看到物体正立放大的虚像。

怎样才能快点到达岛上呢？

先开车去最近的港口，然后寻找渡船。

liǎng diǎn zhī jiān
两点之间

yán zhe zhí xiàn xíng zǒu suǒ yòng shí jiān zuì shǎo ma
沿着直线行走所用时间最少吗？

ruò xiǎng cóng yī gè diǎn dào dá lìng yī gè diǎn zǒu shén me lù xiàn suǒ yòng
若想从一个点到达另一个点，走什么路线所用

de shí jiān zuì shǎo ne nǐ kě néng huì shuō zǒu zhí xiàn yīn wèi liǎng diǎn zhī jiān
的时间最少呢？你可能会说走直线，因为两点之间

zhí xiàn duàn zuì duǎn dàn rú guǒ yī duàn shì lù lù yī duàn shì hǎi lù zǒu zhí
直线段最短。但如果一段是陆路，一段是海路，走直

xiàn jiù bù yī dìng zuì kuài le
线就不一定最快了。

rú guǒ chū fā diǎn zài lù dì shang mù dì dì shì yī zuò
如果出发点在陆地上，目的地是一座

hǎi shang dǎo yǔ xiǎng yào jǐn kuài cóng chū fā diǎn dào dá mù dì
海上岛屿，想要尽快从出发点到达目的

地，入海点设在哪里比较好呢？假设在平坦的陆地上，我们可以坐汽车沿直线到达海边，再乘坐轮船到达目的地。因为在陆地上驾驶汽车

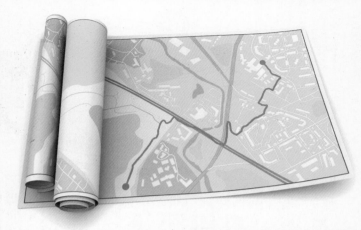

行进的速度要比海上轮船的速度快很多，所以，入海点要选择多走陆路、少走海路的位置，这样尽管在陆路上行走的总路程稍长一点，但所用的总时间会更少一些。在这种情况下，两点之间行进所用时间最少的路线就不是直线。

不过，如果出发点和目的地都在平坦的陆地上，两点之间，当然是沿直线行走用时最少啦！

比直尺方便多啦！

软尺可以直接测量曲线的长度。

rú hé cè liáng yī duàn qū xiàn de cháng dù
如何测量一段曲线的长度？

rú guǒ wǒ men yào cè liáng yī tiáo zhí xiàn duàn de cháng dù　　zhǐ xū yào yī bǎ zhí chǐ jiù
如果我们要测量一条直线段的长度，只需要一把直尺就

kě yǐ le nà me rú guǒ yào cè liáng yī duàn qū xiàn de cháng dù gāi zěn me cè liáng ne
可以了。那么，如果要测量一段曲线的长度，该怎么测量呢？

chú le shǐ yòng ruǎn chǐ yě kě yǐ yòng zhí chǐ cè liáng qū xiàn duàn yǐ zhī zhí chǐ
除了使用软尺，也可以用直尺测量曲线段。已知直尺

de cháng dù wéi gāng hǎo liáng le cì nà me
的长度为A，刚好量了B次，那么，

zhè duàn qū xiàn de cháng dù jìn sì děng yú chéng
这段曲线的长度近似等于A乘B。

dàn zhè zhǐ shì yī gè jìn sì zhí ér bù shì qū xiàn
但这只是一个近似值，而不是曲线

zhēn zhèng de cháng dù yīn wèi zài zhè ge cè liáng guò
真正的长度。因为在这个测量过

chéngzhōng wǒ men hū lüè le měi yī xiǎo duàn
程中，我们忽略了每一小段

qū xiàn de wān qū chù yīn cǐ cè chū de
曲线的弯曲处，因此，测出的

cháng dù xiǎn rán yào bǐ qū xiàn duàn de zhēn shí
长度显然要比曲线段的真实

cháng dù duǎn yī xiē
长度短一些。

yào tí gāo cè liáng de jīng dù kě
要提高测量的精度，可

yǐ yòng gèng duǎn de zhí chǐ lái cè liáng qū xiàn duàn zhè yàng qū xiàn duàn shang de yī xiē wān qū
以用更短的直尺来测量曲线段，这样曲线段上的一些弯曲

bù fen yě kě yǐ bèi cè liáng dào yīn cǐ cè chū de cháng dù gèng jiē jìn qū xiàn duàn de zhēn
部分也可以被测量到，因此测出的长度更接近曲线段的真

shí cháng dù ér qiě yòng de chǐ zi yuè duǎn cè chū de cháng dù yuè jiē jìn yú qū xiàn duàn
实长度。而且用的尺子越短，测出的长度越接近于曲线段

de zhēn shí cháng dù
的真实长度。

duì yú yī xiē cháng jiàn de qū xiàn duàn bǐ rú yuán zhōu pāo wù xiàn de yī duàn děng
对于一些常见的曲线段，比如圆周、抛物线的一段等，

dōu kě yǐ yòng shàng shù fāng fǎ jì suàn qí cháng dù zhè
都可以用上述方法计算其长度。这

zhǒng jì suàn huò cè liáng qū xiàn duàn de xiǎng fǎ gǔ xī
种计算或测量曲线段的想法，古希

là kē xué jiā ā jī mǐ dé zài duō nián qián jiù
腊科学家阿基米德在2000多年前就

yǐ jīng zài shǐ yòng le
已经在使用了。

探索小知识

不是所有的曲线段都
能被测出其长度，比如著
名的科赫曲线，它的长度
是无限长。

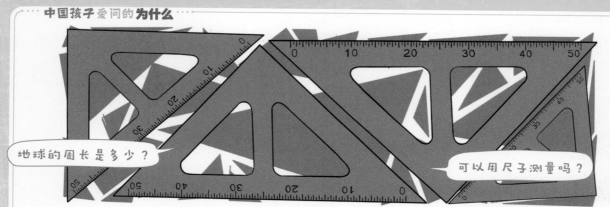

地球的周长是多少？

可以用尺子测量吗？

古希腊数学家是如何计算地球周长的？

早在公元前5世纪，古希腊人就认识到地球是球形的，于是，很多科学家开始尝试计算地球的周长到底是多少。虽然古时候没有先进的测量工具，但聪明的古希腊数学家厄拉多塞用严谨的数学方法计算出了地球的周长。

厄拉多塞经过仔细观察，发现每年的夏至日正午，太阳光可以直射到赛因（现为埃及的阿斯旺）一口深井的井底；与此同时，在距离赛因正北约925千米的亚历山大城，太阳

光线与地面之间有一个约7.2度的夹角。假设太阳光线是平行的，根据圆周长的计算公式，他计算出地球沿着通过南北两极的子午线周长为46000多千米。

1980年，国际大地测量学与地球物理学联合会公布地球的子午线周长约为40008千米。由此可见，厄拉多塞的计算还是比较准确的。

探索小知识

厄拉多塞发明了筛选质数的有效方法——后人称之为"厄拉多塞筛选法"，可以很快地找出一定范围内的质数。

你知道什么是黄金分割点吗？

知道啊！它能分割出世界上最美的比例。

huáng jīn fēn gē shì zěn me huí shì
黄金分割是怎么回事？

huáng jīn fēn gē diǎn shì rén men jīng guò cháng shí jiān de jīng yàn jī lěi fā xiàn de yī gè
黄金分割点是人们经过长时间的经验积累发现的一个

guī lǜ bǎ yī tiáo xiàn duàn fēn gē wéi liǎng duàn shǐ qí zhōng jiào cháng de yī duàn yǔ quán cháng zhī
规律，把一条线段分割为两段，使其中较长的一段与全长之

bǐ děng yú lìng yī duàn yǔ jiào cháng de yī duàn zhī
比等于另一段与较长的一段之

bǐ qí bǐ zhí shì yī gè wú lǐ shù qǔ
比，其比值是一个无理数，取

qí qián sān wèi shù zì de jìn sì zhí shì
其前三位数字的近似值是0.618。

zhè ge fēn gē diǎn jiù jiào zuò huáng jīn fēn gē diǎn
这个分割点就叫作黄金分割点。

nián qián gǔ xī là shù xué jiā
2500年前，古希腊数学家、

哲学家毕达哥拉斯首次提出黄金分割法。大约200年后，数学家欧几里得在《几何原本》中记述了黄金分割的定义。到20世纪70年代，我国数学家华罗庚利用黄金分割法进行科学方法研究，使其在中国推广开来。

黄金分割具有严格的比例性、艺术性、和谐性，蕴藏着丰富的美学价值。古希腊的建筑师在建造门、窗，甚至是整幢建筑时，都遵循了长宽比为 0.618 的规则。帕台农神庙、吉萨金字塔也都严谨地遵循了这一审美规则。黄金分割点也被誉为世界上最美的点。

探索小知识

艺术家们发现，按 0.618:1 的比例画出的画最美。达·芬奇的《蒙娜丽莎》和《最后的晚餐》这两幅画都运用了黄金分割的知识。

什么是"勾三股四弦五"？
shén me shì　　gōu sān gǔ sì xián wǔ

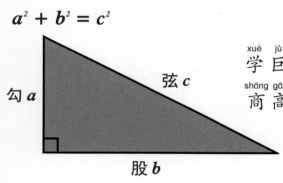

$$a^2 + b^2 = c^2$$

勾 a

弦 c

股 b

中国最早记载勾股定理的是数学巨著《周髀算经》。一日，周公问商高："天不可阶而升，地不可将尽寸而度，请问数安从出？"意思是没有梯子可以开到天上，地也没法用尺子一段一段地测量，那怎样才能得到关于天地的数据呢？商高答："故折矩，勾广三，股修四，径隅五。"意思是：当直角三角形的两条直角边分别为3（短边）和4（长边）时，径隅（弦）则为5。后来，人们就简单地把这个事实说成"勾三股四弦五"。

探索小知识

勾股定理是几何学中一颗光彩夺目的明珠，被称为"几何学的基石"。

数学无处不在，它藏身于我们生活中的每一个角落，从美丽的雪花到有趣的小球，到处都有数学的身影。让我们变身数学大侦探，去寻找日常事物背后的数学奥秘吧！

身边的数学

SHENBIAN DE SHUXUE

怎样才能测量金字塔的高度？

这还不简单，拿尺子上去量呗！

金字塔的高度是怎样测量出来的？

埃及金字塔宏伟壮观，是人类文明史上的奇迹。那么，这些金字塔的高度是怎么测量出来的呢？

公元前6世纪左右，有个国王想知道已经建好了的金字塔的高度，可谁也不知道该怎么测量。后来，国王请到了一位名叫塔莱斯的学者来解决这个问题。

这天，塔莱斯带着助手来到了金字塔旁边，发现物体在阳光照射下都会产生影子，当阳光以45度的角射向地面时，人的影子的长度恰好等于身高。于是，他立刻让助手去测量金字塔阴影的长度，然后按自己身高和影子的比例计算出了金字塔的高度。当时，人们都非常佩服塔莱斯。他的确很了不起，在2000多年前就已经能应用几何学里的相似三角形原理来测算金字塔的高度。

我们身边很多高大的物体，如楼房、旗杆、大树等，都可以利用同样的方法计算出它们的高度，快去试试看吧！

探索小知识

金字塔是古埃及法老的陵墓，塔身的石块之间没有任何水泥之类的黏着物，而是通过用一块石头垒在另一块石头上面建成的，堪称建筑史上的奇迹。

为什么日常计数要用十进制?

shí jìn zhì yě chēng shí jìn wèi zhì   shì dāng jīn shì jiè gè guó tōng yòng de   yī zhǒng jì
十进制也称十进位制,是当今世界各国通用的一种计

shù fāng fǎ   wǒ men cóng   shǔ dào   zài wǎng xià shǔ jiù shì   zhè
数方法。我们从0数到9,再往下数就是10,11,12,13……这

zhǒng mǎn shí xiàng qián jìn yī wèi   de jì shù fāng fǎ   jiù shì shí jìn zhì jì shù fǎ
种"满十向前进一位"的计数方法,就是十进制计数法。

zài shēng chǎn lì shí fēn dī xià de yuǎn gǔ shí dài   rén men yào shǔ qīng liè wù shí gēn
在生产力十分低下的远古时代,人们要数清猎物,十根

shǒu zhǐ zì rán chéng le zuì zǎo de   jì suàn qì   ér dāng liè wù shù liàng zēng duō hòu   jǐn
手指自然成了最早的"计算器",而当猎物数量增多后,仅

yòng shí gēn shǒu zhǐ jiù shǔ bù guò lái le   rén men biàn jiā le yī xiē fǔ zhù gōng jù   bǐ
用十根手指就数不过来了,人们便加了一些辅助工具。比

rú shí gēn shǒu zhǐ shǔ wán le   jiù zài dì shang gē yī kuài shí tou   zài chóng xīn shǐ yòng shǒu zhǐ
如十根手指数完了,就在地上搁一块石头,再重新使用手指

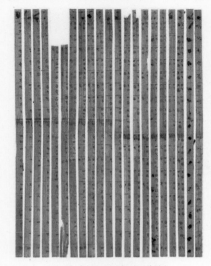

世界上最早的十进制
乘法表：清华简《算表》

计数。中国人很早就采用了十进制，在商代陶文和甲骨文中，可以看到当时人们能够用"一、二、三、四、五、六、七、八、九、十、百、千、万"等来记录十万以内的任何自然数，并将其广泛应用到社会生活的各个方面。

十进制计数法是古代最先进、最科学的计数法，对世界科学和文化的发展有着重要的意义。因为十进制计数法简便易行，到20世纪初，世界上大多数国家都采用了十进制计数法。

探索小知识

现代计算机都是使用二进制计数，因为和十进制相比，二进制只需要用0和1就能够计数，十分简便。

<ruby>怎<rt>zěn</rt></ruby> <ruby>么<rt>me</rt></ruby> <ruby>才<rt>cái</rt></ruby> <ruby>能<rt>néng</rt></ruby> <ruby>将<rt>jiāng</rt></ruby> 一<ruby>头<rt>tóu</rt></ruby> <ruby>狼<rt>láng</rt></ruby>、

怎么才能将一头狼、

一<ruby>只<rt>zhī</rt></ruby> <ruby>羊<rt>yáng</rt></ruby> <ruby>和<rt>hé</rt></ruby> 一<ruby>篮<rt>lán</rt></ruby> <ruby>蔬<rt>shū</rt></ruby> <ruby>菜<rt>cài</rt></ruby> <ruby>带<rt>dài</rt></ruby> <ruby>过<rt>guò</rt></ruby> <ruby>河<rt>hé</rt></ruby>？

一只羊和一篮蔬菜带过河？

农夫带着一头狼、一只羊和一篮蔬菜准备过河。但河边只有一条船，农夫每次最多只能带一种东西过河。如果农夫不在现场的话，狼会吃掉羊，而羊会吃掉蔬菜。农夫怎么才能将狼、羊和蔬菜都带过河呢？

因为农夫每次只能带一种东西过河，所以会出现两种东西没有人看管而同时被放在岸上的情况，而唯一可行的

^{fāng àn jiù shì xiān jiāng láng hé shū cài liú xià lái}
^{yú shì}
^{wǒ men kě yǐ cháng shì àn yǐ}
方案就是先将狼和蔬菜留下来。于是，我们可以尝试按以

^{xià bù zhòu lái jìn xíng}
下步骤来进行。

^{dì yī bù dài yáng guò hé zì jǐ fǎn huí}
第一步：带羊过河，自己返回；

^{dì èr bù bǎ shū cài dài dào duì àn jiāng yáng dài huí lái}
第二步：把蔬菜带到对岸，将羊带回来；

^{dì sān bù jiāng láng dài dào duì àn zì jǐ fǎn huí}
第三步：将狼带到对岸，自己返回；

^{dì sì bù bǎ yáng dài huí duì àn}
第四步：把羊带回对岸。

^{zhè yàng nóng fū jiù chéng gōng de jiāng yī tóu láng}
这样，农夫就成功地将一头狼、

^{yī zhī yáng hé yī lán shū cài dài guò hé le}
一只羊和一篮蔬菜带过河了。

探索小知识

这个有趣的问题，可以用图论、建模、集合等多种方法来解决，是不是很有趣呢？

为什么6人集会时至少有3人
彼此认识或不认识？

世界上任意的6个人，其中必定至少有3个人互相认识，或者至少有3个人互相不认识。这个结论看起来很不可思议，但通过简单的分析，就知道这是必然会发生的现象。

在平面上用6个点A、B、C、D、E、F

fēn bié dài biǎo cān jiā jí huì de rèn yì gè rén
分别代表参加集会的任意6个人。

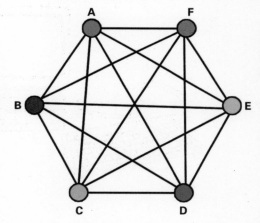

yóu diǎn yǐn chū zhè
由 A 点引出 AB、AC、AD、AE、AF 这

wǔ tiáo xiàn duàn rú guǒ liǎng rén bǐ cǐ rèn shi nà
五条线段，如果两人彼此认识，那

me jiù zài dài biǎo tā men de liǎng diǎn jiān lián chéng yī
么就在代表他们的两点间连成一

tiáo hóng xiàn fǒu zé jiù lián yī tiáo lán xiàn gēn
条红线，否则就连一条蓝线。根

jù chōu tì yuán lǐ kě zhī tiáo xiàn zhōng zhì shǎo yǒu
据抽屉原理，可知5条线中至少有

tiáo lián xiàn tóng sè jiǎ shè tóng wéi hóng sè rú guǒ zhè
3条连线同色，假设 AB、AC、AD 同为红色，如果 BC、BD、CD 这

tiáo lián xiàn zhōng yǒu yī tiáo bù fáng shè wéi yě wéi hóng sè nà me sān jiǎo xíng
3条连线中有一条(不妨设为 BC)也为红色，那么三角形 ABC

jiù shì yī gè hóng sè sān jiǎo xíng zhè yì wèi zhe dài biǎo de gè rén yǐ qián bǐ
就是一个红色三角形，这意味着 A、B、C 代表的3个人以前彼

cǐ xiāng shí rú guǒ zhè tiáo lián xiàn
此相识；如果 BC、BD、CD 这3条连线

quán wéi lán sè nà me sān jiǎo xíng jiù shì yī
全为蓝色，那么三角形 BCD 就是一

gè lán sè sān jiǎo xíng zhè yì wèi zhe dài
个蓝色三角形，这意味着 B、C、D 代

biǎo de sān gè rén yǐ qián bǐ cǐ bù rèn shi
表的三个人以前彼此不认识。

探索小知识

　　抽屉原理，又名鸽笼原理，指的是假如有 n+1 个元素放到 n 个集合中去，其中必定有一个集合里至少有2个元素。

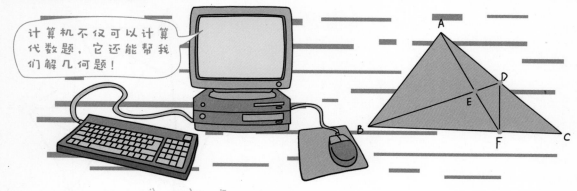

计算机不仅可以计算代数题，它还能帮我们解几何题！

<ruby>计算机<rt>jì suàn jī</rt></ruby>能解几何题吗？

　　用计算机解答代数问题通常比较简单，按照一定步骤求解即可。但几何题分为计算题、证明题和作图题等，计算起来比较复杂。人类解几何题可以借助丰富的经验、技巧，但计算机不具备人的思维，如何解几何题呢？

　　其实，计算机解几何题最大的难点是将这个想法用有效的算法和程序来实现。计算机如果要解几何题，首先需要人们在计算机里建立知识库，使计算机掌握有关的几何知识，如公理、定理、定义、公式等。接着，计算机要对几何题进行分析并调取相关的知识，再将它们应用于解题过程中，最终解决问题。

1977年，我国著名的数学家、中科院院士吴文俊给出了用计算机证明几何定理的方法，这是近代数学史上第一个由中国人原创的研究领域，引起国际数学界的关注。多年来，经过科学家不断努力研究，使得计算机解几何题的能力日益提高。

探索小知识

计算机的主要功能有数值计算、数据处理、辅助设计等。现在，人造卫星轨迹计算、工厂的生产管理等都已经离不开计算机的帮助了。

怎样才能赢得赛马比赛呢？

只要将它们的出场顺序调换一下！

wèi shén me tián jì néng zài sài mǎ zhōng qǔ shèng
为什么田忌能在赛马中取胜？

zhàn guó shí qī qí guó dà jiàng tián jì yǔ qí wēi wáng sài mǎ bǐ sài gòng fēn jú
战国时期，齐国大将田忌与齐威王赛马，比赛共分3局，

shèng jú jí jú yǐ shàng de wéi yíng jiā
胜2局及2局以上的为赢家。

tián jì de bīn kè sūn bìn fā xiàn shuāng fāng de mǎ dōu fēn wéi shàng zhōng xià děng
田忌的宾客孙膑发现双方的马都分为上、中、下3等，

dàn tián jì měi yī děng de mǎ dōu bǐ qí wēi wáng de yào chà yī diǎn yú shì tā xiàng tián
但田忌每一等的马都比齐威王的要差一点。于是，他向田

jì xiàn jì shuō xiān yòng nín de xià děng mǎ hé tā men de shàng děng mǎ bǐ zài yòng nín de
忌献计说："先用您的下等马和他们的上等马比，再用您的

shàng děng mǎ hé tā men de zhōng děng mǎ bǐ zuì hòu yòng nín de zhōng děng mǎ hé tā men de xià
上等马和他们的中等马比，最后用您的中等马和他们的下

děng mǎ bǐ zhè yàng nín jiù kě yǐ qǔ shèng tián jì àn zhào sūn bìn de jiàn yì qù zuò
等马比。这样您就可以取胜。"田忌按照孙膑的建议去做，

最后果然以2：1取胜。

这个故事在中国流传了2000多年，但要想深刻理解它的逻辑，就要借助一个不到100年前才刚刚兴起的数学分支——博弈论。

博弈，是各方参与者使用一定的策略进行互动，以使自己利益最大化的过程。从博弈论的角度看，田忌赛马的故事中，田忌根据齐威王派出的马来决定自己要出什么等级的马，最后赢得了胜利，就是根据对手的实际情况灵活调整自己的策略。博弈时要想获胜，必须足够聪明而理性。

探索小知识

最典型的博弈就是下棋，双方你一步，我一步，根据对方的走法来决定自己下一步怎么走。这种博弈叫"多人非合作博弈"。

9.00 9.55 9.50 9.60 9.75 9.90

我觉得这首歌还有进步的空间。

我很喜欢这首歌。

为什么比赛评分时要去掉最高分和最低分?

校园歌唱大赛正在进行,小明唱完后,6个评委亮出了分数(满分为10分),由低到高依次是9.00、9.50、9.55、9.60、9.75、9.90。按评分规则,需要去掉最高分和最低分,再将其余四个分数进行平均,这样小明最后的得分是9.60分。为什么要这样做呢?

原来,这是为了剔除异常值。异常值就

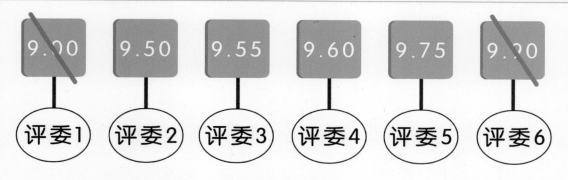

是过低或过高的评分，通常是由裁判疏忽或评委欣赏兴趣不同等原因造成，因此，去掉最高分和最低分更加合理。

这与数学上的中位数概念有一定的联系。在上面6个数中，中位数就是第3个和第4个数的平均值，也就是（9.55+9.60）÷2=9.575。这个值与去掉最高分和最低分后的平均值非常接近。由此可知，中位数不受最大或最小值的影响，比平均数更能反映平均水平。

对于有限的数集，可以通过把所有观察值高低排序后找出正中间的一个作为中位数。如果观察值有偶数个，通常取最中间的两个数值的平均数作为中位数。

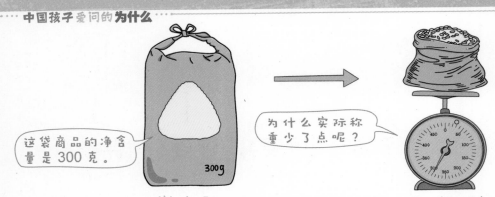

这袋商品的净含量是300克。

为什么实际称重少了点呢？

wèi shén me dài zhuāng shāng pǐn biāo qiān shang de jìng hán liàng yǔ

为什么袋装商品标签上的净含量与

shí jì chēng zhòng cháng cháng bù xiāng fú

实际称重常常不相符？

dài zhuāng shāng pǐn de bāo zhuāng dài shang tōng cháng huì biāo míng gāi shāng pǐn de jìng hán liàng rú

袋装商品的包装袋上通常会标明该商品的净含量，如

mǒu shāng pǐn jìng hán liàng kè kě dāng wǒ men jiāng

某商品净含量300克。可当我们将

zhè dài shāng pǐn chēng zhòng hòu fā xiàn qí zhì liàng dá bù

这袋商品称重后，发现其质量达不

dào kè nán dào zhè dài shāng pǐn quē jīn shǎo liǎng le

到300克。难道这袋商品缺斤少两了？

shāng pǐn bāo zhuāng shang biāo míng de jìng hán liàng qí shí

商品包装上标明的净含量其实

shì zhǐ zhè yī pī cì quán bù shāng pǐn de yī gè píng jūn

是指这一批次全部商品的一个平均

值，即平均净含量。但商品在生产和包装的过程中，材料、机器、人员、环境、测量等各个环节都可能存在不确定因素，导致出现误差，因此商品实际质量和包装袋上标明的净含量必然有偏差。

考虑到这方面的因素，国家规定单件商品标签上标明的净含量应准确反映其实际质量，又规定标签上的净含量和实际质量之间可以存在一个最大允许偏差，即允许短缺量。比如，标签上净含量为300克的大米允许短缺量为20克。

探索小知识

还有一种包装直接标明袋装商品的净含量和偏差范围，如300克±9克，这样购买者就一目了然了。

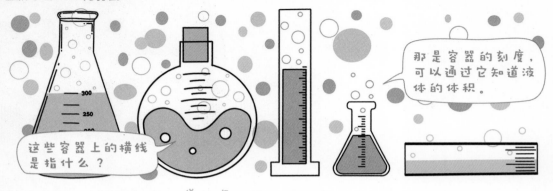

这些容器上的横线是指什么？

那是容器的刻度，可以通过它知道液体的体积。

水的体积怎么计算呢？

我们知道物体所占空间的大小叫作物体的体积。形状规则的固体根据公式就能计算出其体积。水是流动的，没有固定的形状，那它的体积该怎么计算呢？其实也有好几种方法。

第一种：测量法。我们可以找来有刻度的量杯

huò liáng tǒng　rán hòu bǎ shuǐ dào jìn liáng bēi huò liáng tǒng zhōng　zài dú qǔ kè dù zhí zhè ge
或量筒，然后把水倒进量杯或量筒中，再读取刻度值。这个

shù zhí jiù shì shuǐ de tǐ jī　jì liáng shuǐ yóu děng yè tǐ de tǐ jī cháng yòng de dān wèi
数值就是水的体积。计量水、油等液体的体积，常用的单位

wéi shēng hé háo shēng
为升和毫升。

dì èr zhǒng　jì suàn fǎ　bǎ shuǐ dào rù yī
　　第二种：计算法。把水倒入一

gè guī zé de róng qì　rú zhèng fāng tǐ cháng fāng tǐ
个规则的容器（如正方体、长方体、

yuán zhù tǐ děng lǐ miàn　cè liáng chū róng qì de cháng
圆柱体等）里面，测量出容器的长、

kuān huò dǐ miàn bàn jìng　yǐ jí shuǐ miàn duì yìng de gāo
宽或底面半径，以及水面对应的高

dù zhí děng shù jù　zài gēn jù gōng shì jìn xíng jì
度值等数据，再根据公式进行计

suàn　bǐ rú　jiāng shuǐ fàng zài cháng fāng tǐ róng qì
算。比如，将水放在长方体容器

zhōng　shuǐ de tǐ jī cháng kuān gāo shuǐ miàn
中，水的体积＝长×宽×高（水面

gāo dù
高度）。

探索小知识

　　常用的体积单位有立方厘米、立方分米和立方米，它们之间可以互相换算：1立方米＝1000立方分米＝1000000立方厘米。

一起唱生日歌吧！

美味的大蛋糕来啦！

^{wèi shén me yǒu de rén}
为什么有的人

^{hǎo jǐ nián cái néng guò yī cì shēng rì}
好几年才能过一次生日？

^{yǒu de rén měi nián dōu guò shēng rì　　ér yǒu de rén hǎo jǐ nián cái néng guò yī cì shēng}
有的人每年都过生日，而有的人好几年才能过一次生

^{rì　　wèi shén me huì zhè yàng ne}
日，为什么会这样呢？

^{dì qiú rào tài yáng yùn xíng de zhōu qī wéi　　　　tiān}
地球绕太阳运行的周期为365天5

^{xiǎo shí　　fēn　　miǎo hé　　　　　　　tiān　　　jí yī}
小时48分46秒（合365.24219天），即一

^{huí guī nián　　gōng lì bǎ yī nián dìng wéi　　　　tiān bǐ huí}
回归年。公历把一年定为365天，比回

^{guī nián duǎn yuē　　　　　　　tiān　　yě jiào píng nián　　zhè yàng}
归年短约0.2422天，也叫平年。这样，4

年下来就要相差 23 小时 15 分 4 秒，接近一天。于是，人们把这一天加在 2 月里，每 4 年后的这一年就是 366 天，也叫作闰年。所以平年有 365 天，二月有 28 天；闰年有 366 天，二月就有 29 天。闰年的计算方法：如果是非整百年，只要能被 4 整除就是闰年，除不尽就是平年。如 2008 年是闰年，2010 年不是；遇到整百年，要能被 400 整除才是闰年，除不尽就是平年，如 2000 年是闰年，1900 年不是。

如果你碰巧在闰年 2 月 29 日出生，就只能四年才过一次公历生日了。

2020 2月
NETBIAN.COM

一	二	三	四	五	六	日
					1 初八	2 初九
3 初十	4 立春	5 十二	6 十三	7 十四	8 元宵节	9 十六
10 十七	11 十八	12 十九	13 二十	14 情人节	15 廿二	16 廿三
17 廿四	18 廿五	19 雨水	20 廿七	21 廿八	22 廿九	23 初一
24 龙抬头	25 初三	26 初四	27 初五	28 初六	29 初七	

探索小知识

历法是人们根据天象而制订的时间计算方法。根据月球环绕地球运行所订的历法叫阴历，根据太阳在不同季节的位置变化所订的历法叫阳历。

139

世界上真的没有两片完全相同的雪花吗？

虽然没有完全一样的，但也有相同的特点，那就是它们都有六片花瓣。

雪花为什么都有六片花瓣？

雪花有多种多样的形态，但每一片雪花都有六片花瓣。神奇的大自然不仅给我们呈现了美丽的景色，而且给我们出了一道题——雪花为什么会有六瓣呢？

雪花的形状涉及水在大气中的结晶过程。大气中的水蒸气在冷却到冰点以下时就开始

凝华，从而形成水的晶体，即冰晶。冰晶属于晶体的一种，它们都具有规则的几何外形。冰晶一般呈现片状六边形，当大气中的水汽十分丰富时，周围的水分子不断与最初形成的冰晶结合，冰晶的六个角上会出现新的枝杈，然后又分叉，最后形成了不同样子的雪花，但它们都是六角形的。

另外，雪花在空中飘浮时，本身还会发生振动，而这种振动是环绕对称点进行的。因此，雪花的形态在飘落过程中不会发生太大变化。

探索小知识

在极地，由于大气中的水汽不足，湿度又低，冰晶会变成六棱柱状的形态。因此，人们在极地有时会看到降下的不是雪花，而是六棱柱形的雪晶。

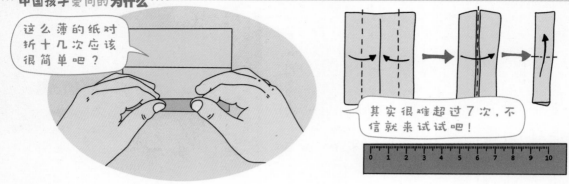

这么薄的纸对折十几次应该很简单吧？

其实很难超过7次，不信就来试试吧！

yī zhāng zhǐ kě yǐ duì zhé jǐ cì

一张纸可以对折几次？

qǔ yī zhāng zhǐ nǐ zuì duō néng duì zhé jǐ cì
取一张A4纸，你最多能对折几次？

zhǐ yào shì yi shì nǐ huì fā xiàn jiāng zhǐ duì zhé cì hòu
只要试一试，你会发现将纸对折7次后，

biàn hěn nán zài duì zhé le zhè shì wèi shén me ne
便很难再对折了。这是为什么呢？

qí shí zhè gēn zhǐ de hòu dù yǒu guān ruò yī zhāng
其实，这跟纸的厚度有关。若一张

zhǐ de hòu dù shì háo mǐ nà me duì zhé yī cì hòu tā de hòu dù shì háo
A4纸的厚度是0.1毫米，那么对折一次后它的厚度是0.2毫

mǐ duì zhé liǎng cì hòu tā de hòu dù shì háo mǐ zhǐ zhāng de hòu dù suí zhe duì
米，对折两次后它的厚度是0.4毫米……纸张的厚度随着对

zhé cì shù děng bǐ zēng jiā duì zhé cì hòu tā de hòu dù shì háo mǐ yǔ cǐ
折次数等比增加，对折7次后，它的厚度是12.8毫米。与此

同时，纸的宽度按同样的比例减少。A4纸的长边约为300毫米，第一次对折后，它会变成150毫米；第二次对折后，变成75毫米；对折7次后，它的宽度是2.34375毫米。于是，一张厚0.1毫米、长300毫米的纸对折完7次（如果你真能做到的话），A4纸就会变成厚12.8毫米、宽2.34375毫米。而对折完第8次的话，纸厚25.6毫米、宽1.17毫米，厚度是宽度的20多倍；要是再对折20次，纸的厚度将超过100米。

而一张厚度为0.1毫米的A4纸对折51次后，其厚度将超过地球到太阳的距离。这简直是一项无法完成的任务！

探索小知识

有外国人用一张橄榄球大小的纸张做了折纸实验，最后借助机械工具，完成了11次对折。

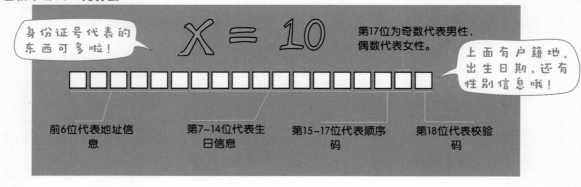

身份证号代表的东西可多啦!

X = 10

第17位为奇数代表男性,偶数代表女性。

上面有户籍地、出生日期,还有性别信息哦!

前6位代表地址信息

第7~14位代表生日信息

第15~17位代表顺序码

第18位代表校验码

为什么**身份证**编号中会出现"X"?

　　根据《中华人民共和国居民身份证法》的规定,每一位居住在国内、年满16周岁的中国公民都应当领取居民身份证。

　　身份证号码的第1位和第2位代表省份代码,第3位和第4位是城市代码,第5位和第6位是区县代码,第7~14位代表的是出生年月日,第15~17位是顺序码,第17位代表性别,其中奇数是男性,偶数是女性。第18位是校验码,通常

这一位数码是0~9中的一个数字，但有的身份证上则是一个字母X。其实，X代表罗马数字10，由于直接用10来做尾号，身份证号码会变成19位，这样就不统一了，所以便用X来代表10，这样既合理又能保证号码依然是18位。

信息时代，我们到处都可以看到校验码。除身份证外，商品条形码、书号等也都用到了校验码。比如商品包装上一般有13位条形码，其中第13位数码就是校验码。

探索小知识

居民身份证是我国法定的证明公民个人身份的有效证件，户口登记、办理银行卡、乘坐汽车或火车等都需要用到居民身份证。

数学的作用可真不小！

军事设备的运行都离不开数学呢！

为什么军事演习与数学息息相关？

早在古代，人们就开始利用数学知识研究战争，并通过计算找到应对策略，从而赢得胜利。随着社会的不断进步，数学与军事之间的联系越来越密切。人们不仅利用数学知识设计、制造更先进的武器，而且以概率论、统计学和模拟试验为基础，通过对地形、气候、波浪、水文等自然情况的

统计测量数据加以统计学分析，继而对接下来的气象、水文甚至战争态势走向进行科学的预测。

模拟军事活动的常用方法是"军事演习"，但真人真枪的演习要耗费大量人力、物力，而且常常造成伤亡。后来，军事家开始利用数学知识模拟不同的攻防战斗编组，在沙盘或具体场景中进行军事演练。于是，利用计算机模拟军事演习应运而生，这种方法不仅智能化程度高，而且能大幅降低演习的成本。

探索小知识

模拟战争最早的尝试是下象棋。无论是中国象棋还是国际象棋，都是帝王将相、军车战马、冲杀士兵的模拟物。

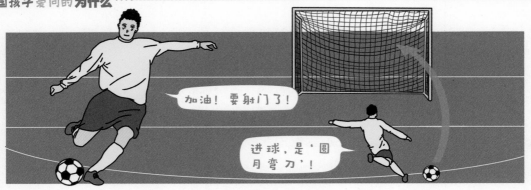

加油！要射门了！

进球，是'圆月弯刀'！

怎样才能像贝克汉姆那样踢出 bèi shì hú xiàn "贝氏弧线"？

yīng guó zú qiú yùn dòng yuán dà wèi　　bèi kè hàn mǔ de zú qiú shēng yá zhōng céng tī chū
英国足球运动员大卫·贝克汉姆的足球生涯中曾踢出

le lìng rén jīng tàn de rèn yì qiú　　nián yuè rì　　zài yī chǎng yīng gé lán duì
了令人惊叹的任意球。2001年10月6日，在一场英格兰对

zhèn xī là de bǐ sài zhōng　dì　fēn zhōng　qiú de wèi zhì lí qiú mén yǒu jǐ shí mǐ yuǎn
阵希腊的比赛中，第93分钟，球的位置离球门有几十米远，

bèi kè hàn mǔ sī háo bù huāng zhāng　tā jiāng qiú bǎi hǎo　yī jiǎo shè mén　zú qiú zài kōng zhōng
贝克汉姆丝毫不慌张，他将球摆好，一脚射门，足球在空中

huà chū yī dào měi lì de　bèi shì hú xiàn　zhí jiē jìn rù qiú mén　zhè ge rèn yì qiú
画出一道美丽的"贝氏弧线"，直接进入球门。这个任意球

tì yīng gé lán duì yíng dé le jìn rù shì jiè bēi de mén piào
替英格兰队赢得了进入世界杯的门票。

bèi kè hàn mǔ tī chū de rèn yì qiú zài kōng zhōng fēi xíng de hú dù dà　sù dù kuài
贝克汉姆踢出的任意球在空中飞行的弧度大、速度快，

并且落点准确。为了提高足球的速度和弧度，贝克汉姆必须尽力扭转全身，使身体与地面的角度在40度左右，在脚与足球几乎成零度角的位置用内脚背侧向触球，以提升足球的内旋速度。

有数学家提出了"贝氏弧线"球遵循的公式，他们评价贝克汉姆的任意球是艺术和科学的集中体现，并说："他的大脑可以在踢出任意球的瞬间精确计算足球的飞行轨道，而计算机做这件事情也要几个小时，这简直不可思议。"

 探索小知识

弧线球是指足球运动员踢出球并使球在空中向前做弧线运动的踢球技术。运动员获得任意球机会时，常踢出弧线球，以避开人墙而直接射门。

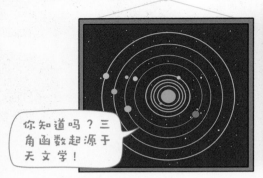

你知道吗？三角函数起源于天文学！

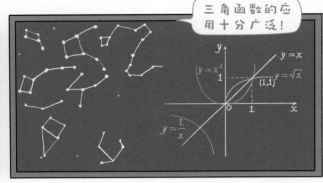

三角函数的应用十分广泛！

sān jiǎo hán shù hé tiān wén xué yǒu shén me guān xì
三角函数和天文学有什么关系？

人们很早就开始研究天文学，以便通过观察日月星辰的位置和运行情况，解决历法、航海、地理等方面的许多问题。对天体的观察和测量离不开计算，这促进了数学的发展，三角函数的产生和发展与天文学有着密切的关系。

三角函数以研究三角形的边和

jiǎo de guān xì wéi jī chǔ zuì zǎo kě zhuī
角 的 关 系 为 基 础 ，最 早 可 追

sù dào gǔ xī là shí qī gǔ xī là
溯 到 古 希 腊 时 期 。 古 希 腊

shù xué jiā tiān wén xué jiā tuō lè mì suǒ
数 学 家 、天 文 学 家 托 勒 密 所

zhù de tiān wén xué dà chéng zhōng yǒu yī
著 的 《天 文 学 大 成》中 有 一

zhāng xián biǎo zhè yě shì bǎo cún zhì jīn
张 "弦 表"，这 也 是 保 存 至 今

zuì gǔ lǎo de yī zhāng sān jiǎo hán shù
最 古 老 的 一 张 "三 角 函 数

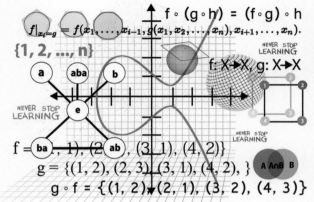

biǎo jǐn guǎn zhè zhāng xián biǎo yǔ wǒ men xiàn zài suǒ yòng de zhèng xián yú xián biǎo yǒu suǒ bù
表"。尽 管 这 张 弦 表 与 我 们 现 在 所 用 的 正 弦 、余 弦 表 有 所 不

tóng dàn tā jí dà de cù jìn le sān jiǎo hán shù zài tiān wén cè liáng děng fāng miàn de fā zhǎn
同 ，但 它 极 大 地 促 进 了 三 角 函 数 在 天 文 测 量 等 方 面 的 发 展 。

suí zhe rén men duì shù xué yán jiū de bù duàn shēn rù sān jiǎo hán shù de gài niàn zhèng
随 着 人 们 对 数 学 研 究 的 不 断 深 入 ，三 角 函 数 的 概 念 正

shì jiàn lì qǐ lái yòu zài qí tā shù xué chéng guǒ de jī chǔ shang bù duàn gǎi jìn xiàn zài
式 建 立 起 来 ，又 在 其 他 数 学 成 果 的 基 础 上 不 断 改 进 。现 在 ，

sān jiǎo hán shù bù jǐn yìng yòng zài tiān wén xué lǐng yù hái
三 角 函 数 不 仅 应 用 在 天 文 学 领 域 ，还

guǎng fàn de yìng yòng zài shēng chǎn shí jiàn hé jūn shì huó dòng
广 泛 地 应 用 在 生 产 实 践 和 军 事 活 动

děng lǐng yù
等 领 域 。

探索小知识

德国数学家约翰·缪勒
在他的著作《论各种三角形》
中，系统地阐述了三角学知
识，真正地使三角学成为数
学的一个独立分支。

151

这里有好多张彩票，会有一张中奖吗？

彩票中奖的概率很小，只有勤劳才能致富！

<ruby>买<rt>mǎi</rt></ruby> <ruby>彩<rt>cǎi</rt></ruby> <ruby>票<rt>piào</rt></ruby> <ruby>中<rt>zhòng</rt></ruby> <ruby>奖<rt>jiǎng</rt></ruby> <ruby>的<rt>de</rt></ruby> <ruby>概<rt>gài</rt></ruby> <ruby>率<rt>lù</rt></ruby> <ruby>是<rt>shì</rt></ruby> <ruby>多<rt>duō</rt></ruby> <ruby>少<rt>shao</rt></ruby>

买彩票中奖的概率是多少？

彩票上面编着号码，开奖后中奖者可按规定领奖。以"大乐透"为例，你要在01~35的号码中选取5个作为你的前区号码，再从01~12的号码中选取2个作为你的后区号码，由此组成"5+2"共7个号码。根据投注规则，该彩票一等奖的中奖概率仅为 $\dfrac{1}{21425172}$。可有人说买彩票有时必然会中奖，这是为什

么呢？

2020 年，美国北卡罗莱纳州的一名男子，在 4 个小时内买光了 40 家彩票售卖点的"超级现金"刮刮乐彩票，终于中了 500 万美元的大奖。按照这个思路，如果你愿意并且能够花钱买下所有数字组合的彩票，你就能中奖。

彩票是一种取之于民、用之于民的公益手段，发行彩票，可以为国家慈善机构筹集资金，为国家公共项目提供资金支持。但中彩票的概率非常低，是一件可遇而不可求的事情。

探索小知识

1987 年 7 月 27 日，中国第一批福利彩票在石家庄市发行，一共印制了 8000 万张。

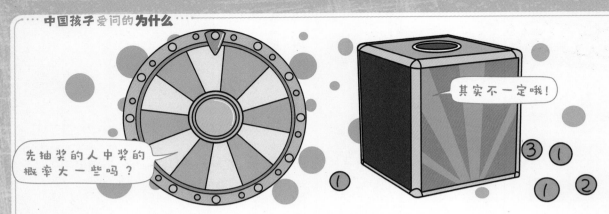

先抽奖的人中奖的概率大一些吗？

其实不一定哦！

chōu jiǎng shùn xù huì yǐng xiǎng jié guǒ ma
抽奖顺序会影响结果吗？

měi féng jié jià rì，yī xiē shāngchǎng huì jǔ xíng chōu jiǎng huó dòng，nà chōu qiān de xiān hòu
每逢节假日，一些商场会举行抽奖活动，那抽签的先后

shùn xù duì jié guǒ yǒu yǐng xiǎng ma？lì rú，mǒu shāngchǎng jǔ xíng chōu jiǎng huó dòng，jiǎng pǐn shì
顺序对结果有影响吗？例如，某商场举行抽奖活动，奖品是

yī tái diàn shì jī，chōu jiǎng xiāng li fàng zhe sān zhāng zhǐ，zhǐ yǒu yī zhāng
一台电视机，抽奖箱里放着三张纸，只有一张

zhǐ shang xiě zhe "diàn shì jī"，sān gè rén yī cì chōu jiǎng。dì yī
纸上写着"电视机"，三个人依次抽奖。第一

gè rén chōu zhòng de gài lù shì $\frac{1}{3}$，chōu bù zhòng de gài lù shì $\frac{2}{3}$。jiē
个人抽中的概率是 $\frac{1}{3}$，抽不中的概率是 $\frac{2}{3}$。接

xià lái dì èr gè rén jìn xíng chōu jiǎng，rú guǒ dì èr gè rén zhī dào
下来第二个人进行抽奖，如果第二个人知道

了第一个人抽奖的结果，这时会出现两种情况：如果第一个人抽中了，第二个人就没必要继续抽奖，所以他和第三个人的中奖概率都为0；如果第一个人没有抽中，第二个人的中奖概率为 $\frac{1}{2}$。因此当后者知道前者的抽奖结果时，每个人中奖的概率是不一样的。如果后者不知道前者的抽奖结果，第一个人中奖的概率是 $\frac{1}{3}$，第二个人中奖的概率是 $\frac{2}{3} \times \frac{1}{2} = \frac{1}{3}$。以此类推，第三个人中奖的概率也是 $\frac{1}{3}$。因此，抽奖的顺序并不会影响结果。

探索小知识

抽签最初是占卜的一种形式，现在逐渐演变成一种较公平的决定方式，比赛也常常用抽签的方法来决定选手出场的顺序。

小球沿着怎样的路线下落最快？

在一个装置上摆两条轨道，一条是直线，一条是曲线，起点高度和终点高度相同。两个质量、大小都一样的小球同时从起点向下滑落，在不计摩擦力的情况下，哪条路线上的小球会先到达终点？

有人可能会认为直线上的小球最先到达终点，因为两点之间直线段最短。其实并不是这样的，事实是曲线上的小球反而先到达终点。

小球下落的时间不仅跟路线的长短有关，还跟小球下落的速度有关。科学家做了大量的实验，从许多曲线中找出了一条摆线，叫最速降线。小球沿着这条路线向下运动，用的时间最短，即便它比直线和圆弧更长。最短路径（直线）并不是真正最快的路线，这确实出人意料。

另外，无论从这条摆线形轨道的哪个点开始，沿该轨道滑落的小球都会以相同的时间到达底部。人们还利用这个原理设计出计时很准的机械摆钟。

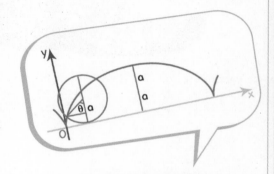

探索小知识

当一个圆在一条直线上滚动时，该圆周上一个定点形成的曲线就是摆线。后来，这个问题还发展为一个新的数学分支——变分学。

光速30万千米/秒

wèi shén me tiān wén xué shang yào jiāng guāng nián zuò wéi cháng dù dān wèi

为什么天文学上要将光年作为长度单位？

zài rì cháng shēng huó zhōng wǒ men yī bān huì yòng dào lí mǐ fēn mǐ mǐ qiān mǐ

在日常生活中，我们一般会用到厘米、分米、米、千米

děng cháng dù dān wèi dàn rú guǒ yòng zhè xiē dān wèi lái biǎo shì tiān tǐ zhī jiān de jù lí nà

等长度单位，但如果用这些单位来表示天体之间的距离，那

shù zì jiù tài dà le bǐ rú lí dì qiú zuì jìn de héng xīng tài yáng jù lí wǒ

数字就太大了。比如，离地球最近的恒星——太阳，距离我

men yǒu qiān mǐ zuǒ yòu kàn zhè yàng xiě qǐ lái duō má fan

们有150000000千米左右。看，这样写起来多麻烦。

hòu lái kē xué jiā fā xiàn guāng de sù dù zuì kuài guāng zài zhēn kōng zhōng miǎo zhōng néng

后来，科学家发现光的速度最快，光在真空中1秒钟能

zǒu wàn qiān mǐ zuǒ yòu nián dà yuē néng zǒu wàn yì qiān mǐ yú shì tā men

走30万千米左右，1年大约能走9.5万亿千米。于是，他们

jiù yòng guāng zài zhēn kōng zhōng nián suǒ zǒu de lù chéng guāng nián zuò wéi jì suàn tiān

就用光在真空中1年所走的路程——光年——作为计算天

探索小知识

除光年外,天文学上还有其他用来表示距离的单位,如秒差距(1秒差距相当于3.26光年)、千秒差距、兆秒差距等。

^{tǐ zhī jiān jù lí de dān wèi}
体之间距离的单位。

^{rú guǒ yòng guāng nián lái biǎo shì tiān tǐ zhī jiān de}
如果用光年来表示天体之间的

^{jù lí wǒ men shú xi de niú láng xīng hé zhī nǔ xīng}
距离,我们熟悉的牛郎星和织女星

^{zhī jiān de jù lí dà yuē shì guāng nián yín hé xì wài de xiān nǔ zuò xīng xì lí wǒ men}
之间的距离大约是16光年,银河系外的仙女座星系离我们

^{yuē wàn guāng nián bǐ lín xīng hé wǒ men de jù lí yuē guāng nián děng děng}
约250万光年,比邻星和我们的距离约4光年,等等。

去探索"去发现 去创造

用科技点亮未来

科学启蒙
每天5分钟
科技世界尽情畅游

学玩STEM
看动画学知识
边看边学乐趣无穷

科学实验室
动手创造
真实感受科技魅力

科学知识抢答赛
较量智慧
掀起科学讨论风暴

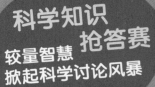

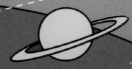